◆ 青少年成长寄语丛书 ◆

自己是最棒的

◎战晓书　编

吉林人民出版社

图书在版编目（CIP）数据

自己是最棒的 / 战晓书编 . -- 长春 : 吉林人民出
版社, 2012.7
（青少年成长寄语丛书）
ISBN 978-7-206-09139-1

Ⅰ.①自… Ⅱ.①战… Ⅲ.①成功心理 – 青年读物②
成功心理 – 青年读物 Ⅳ.①B848.4–49

中国版本图书馆 CIP 数据核字 (2012) 第 150816 号

自己是最棒的

ZIJI SHI ZUI BANG DE

编　　者 : 战晓书
责任编辑 : 刘　学　　　　　　　封面设计 : 七　洱
吉林人民出版社出版　发行 (长春市人民大街 7548 号　邮政编码 : 130022)
印　　刷 : 北京市一鑫印务有限公司
开　　本 : 670mm×950mm　　　　1/16
印　　张 : 12.75　　　　　　　　字　　数 : 150 千字
标准书号 : 978-7-206-09139-1
版　　次 : 2012 年 7 月第 1 版　　印　　次 : 2023 年 6 月第 3 次印刷
定　　价 : 45.00 元

如发现印装质量问题, 影响阅读, 请与出版社联系调换。

目 录

CONTENTS

目 录
CONTENTS

目　录
CONTENTS

目　录
CONTENTS

磕破自己

哥伦布第一次结束航海探险，从波峰浪尖上千里迢迢成功地回到西班牙时，西班牙红衣大主教为他举行了盛大的祝酒会。达官贵族和社会各界名流云集一堂，纷纷对哥伦布的航海壮举盛赞不已。

红衣大主教兴奋地赞赏说："航海探险，是九死一生的世界壮举，这种壮举，不是泛泛渔夫敢于涉足的，也不是谁都能够成功的，普天之下，敢于并且能够向浩渺大海挑战的，只有哥伦布！"

面对纷沓而来的赞誉，面对红衣大主教滔滔不绝的祝酒词，哥伦布谦和而沉着地微笑着说："航海探险，并不是我哥伦布个人的专利，也并非只有我哥伦布能够获得成功。无论是谁，只要他对浩瀚的大海、对大千世界怀着神秘和好奇，只要他拥有金刚石般勇于进取的精神，他就能够成功，就能够成为一个伟大的航海家！"

红衣大主教对哥伦布的这种回答十分怀疑，他微笑着质询哥伦布说："我们许多人都对这个神秘的世界感到兴奋和好奇，我们也不乏勇敢的骑士精神，但我们为什么没有成为像您这样伟大的航海家呢？"

哥伦布微微一笑，吩咐侍者拿来了一个鸡蛋。哥伦布将这个光滑而浑圆的鸡蛋拿给红衣大主教说："您能让这个鸡蛋站起来吗？"红衣大主教摸了摸光滑而浑圆的鸡蛋摇了摇头说："鸡蛋怎么能站起来呢？"

哥伦布举起鸡蛋问："大家谁能让这枚鸡蛋站起来？"喧嚣的人们望着哥伦布，望着他手里举着的那枚鸡蛋，顿然鸦雀无声了。只有红衣大主教喁喁自语："鸡蛋怎么可能站立起来呢？"

哥伦布自信而肯定地说："鸡蛋是可以站起来的！"说着，他便举起鸡蛋，用蛋尖儿部分在光可鉴人的桌面上轻轻一磕，光滑的鸡蛋就在桌子上站立了起来。

哥伦布说："鸡蛋已经站立起来了。"

人群里顿然响起一片嘘声，一个贵族青年不屑地说："我还以为大航海家有什么拿手好戏呢，不过是把鸡蛋磕破而已。"

哥伦布微笑着说："对，只有将鸡蛋轻轻磕破，它才能够站立起来。"哥伦布环视一下一片嘘声的人群，微笑着说："我其实和大家一样，都是一枚普通的鸡蛋，我之所以能够首次航海成功，是因为我敢于将自己和命运轻轻地磕破。因为航海探险，我打破了自己原本舒适而安逸的生活；因为航海探险，我打破了自己成为一个富商和阔佬的平静命运；因为航海探险，我打破了自己栖居的阳光灿烂的陆地，而把生命和命运交给了惊涛拍岸变幻莫测的浩渺大海……因为磕破自己，我的首航才圆满成功！"

人群沉寂了片刻，终于爆发出如潮的热烈掌声。

是的，敢于磕破自己，敢于磕破命运，破点就会成为我们人生的一个支点。有了支点，我们如鸡蛋般浑圆而光滑的生命才能站立起来，我们才能达到生命最新的高度，才能接近比阳光还缤纷和凝重的生命辉煌。

磕破自己，磕破命运，我们才能从生命和命运的围城里突破出来，从而扬起我们的成功之帆！

（李雪峰）

阳光不变

我有一个朋友，叫恺，他十八岁开始创业，从在街头摆冷饮摊做起，一点一点地积累，一步一个台阶地拼搏，十年里摸爬滚打，吃尽苦头，终于成为一家拥有上百万资产公司的老板。

但是，因为亚洲经济危机的影响，还有他的决策失误，最后他的公司被迫破产还债，房子抵押给了别人，汽车也被人家开走了，还欠别人很多的债务。几乎是一夜之间，他又回到十年前那种一无所有的境地。

从无到有的惊喜谁都愿意领受，但从高处跌到底处的痛苦却不是每个人都能承受得起的。

恺被突如其来的打击一下子击懵了，他无法面对残酷的现实，开始一病不起。

我去看他。他心如死灰地对我说："我这次太惨，我只有一条路可以走……我只有死才可以解脱，希望你们原谅我。"

我握住他的手说："十年前你有许多路走，现在仍然是。如果你真的选择了那条路，没有人会原谅你，我们不同情懦夫！振作起来好吗？你该明白的，只有奋斗过的人才会有失败，那些没有失败过的人，是他们没有奋斗过啊，你已经拥有了他们不曾拥有的，你为何要悲伤？你该欢喜才是。来，起来，我们出去看看，十年来一直照在你头顶的阳光，是否依然灿烂，如果阳光没改变，你的斗志就不该消失。"恺的眼睛亮起来，在床上躺了很久的他果然一跃而起，跑进阳光里，大声喊道："阳光没有变，阳光没有变！"

是啊，阳光没有变，经过黑夜的阳光都不会变，我们偶尔失败一次，为什么要变？

只要阳光不变，我们应该一如既往地走好自己的路才是啊！

（程咏泉）

你，就是你自己的上帝

　　一个穷人在为农场主搬东西的时候，失手打碎了一个花瓶。农场主不依，要穷人赔。这花瓶可是一个价值连城的古董啊，穷人哪里赔得起？

　　穷人被逼无奈，只得去教堂向神父讨主意。神父听完穷人的叙述，说："听说有一种技术，能将破碎的花瓶粘起来。你不如去学这种技术，只要将农场主的花瓶粘得完好如初不就可以了。"穷人听了直摇头，说："哪里会有这样神奇的技术？将一个破花瓶粘得完好如初，这是不可能的。"神父说："这样吧，教堂后面有个石壁，上帝就待在那里，只要你对着石壁大声说话，上帝就会答应你。你不如去问问上帝，看能否将一个破花瓶粘得完好如初。"

　　神父将穷人引到石壁前，穷人毫无信心，他对着石壁说："上帝呀，神父说，我能将一个破花瓶粘得像没破时一样，可我觉得这是不可能的……"他的话还未落音，上帝就应答了："不可能的。"

　　穷人听了，十分失望，他流着泪离开了。赔不起农场主的古董，他打算一死了之。可是神父找到了他，劝他放弃轻生的念头，再去求求上帝。穷人说："上帝不是已经说了嘛，这是不可能的。"神父说："那是你自己对自己没有信心，所以上帝对你也没有信心。只要你自己对自己有信心，上帝才会对你有信心，上帝对你有信心才会帮你呀。"

于是，穷人再次来到石壁前，他鼓起极大的勇气，对石壁说："上帝，请您帮助我，只要您帮助我，我相信我能将花瓶粘好。"话音刚落，上帝回答了他："能将花瓶粘好。"

穷人喜极而泣，他想不到上帝真的答应了他，于是他信心百倍，辞别神父，去学粘花瓶的技术去了。

一年以后，这个穷人通过认真地学习和不懈的努力，终于掌握了将破花瓶粘得天衣无缝的本领。他学成归来，真的将那只破花瓶粘得像没破时一模一样，还给了农场主。这个穷人也因此名声大噪，成为粘接破古董的专家，受到人们的尊敬。

他有了现在的成就，完全得益于上帝的帮助，所以，他要去感谢上帝。神父将他领到那座石壁前，笑着说："你不用感谢上帝，你要感谢就感谢你自己。其实，这里根本就没有上帝，这块石壁只是一块回音壁，你所听到的上帝的声音，其实就是你自己的声音。你，就是你自己的上帝。"

你，就是你自己的上帝，你的命运就掌握在自己的手里。当你对自己失去信心时，命运就会薄待你，绝望会跟踪而至，斗志会顿时全无，命运回报你的，只是你坠落失败的深渊时激起的那一点儿水响，你会很快消沉得踪影全无。当你对自己充满信心时，命运就会厚待你，希望会阳光灿烂，斗志会高昂无比，命运回馈你的，将是成功的喜悦、胜利的掌声和灿烂的前景。

你，就是你自己的上帝。而信心，就是将你推向成功时，命运之神那坚强有力的手臂。

（方冠晴）

跟自己比长短

　　上初中时我经常到少年宫参加武术培训。培训班分甲乙两个班，甲班的同学年龄比我们乙班大，功夫也比我们要深，为了竞争参加市少年武术大赛的资格，作为乙班班长的我暗下决心，一定要夺得冠军！我的竞争对手是甲班班长，我们经过一番较量顺利通过了预赛，决赛时我们铆足全力出招攻击，对打过程中我一直在找他的破绽，但总找不出，而他却能突破自己防守中的漏洞反守为攻，几个回合下来我败于他的手下，结果失去了参赛资格。

　　我找到教练，将对打过程中的一招一式再次演练给他，并求教练帮我找出甲班班长的破绽，以便下次打倒他夺回冠军。教练笑而不语，在地上划了一道线，让我在不擦掉这条线的前提下设法让这条线变短。我绞尽脑汁就是想不出办法，最后放弃思考请教教练。教练在刚才划的短线旁边又划了一条更长的线，两者相比之下原先的那条线短多了。最后教练语重心长地说："比赛的目的不在于如何攻击对方的弱点。正如地上的长短线一样，只要你自己变得更强，对方正如原先的那条短线，也就无形中变弱了。如何使自己更强，才是你需要练的。"

生活中少不了竞争。在人生的道路上有许多障碍需要我们去排除：大多数人喜欢找捷径求得成功，但最好的方法还是和自己比长短，只有在对手面前努力使自己的"尺寸"更长一些，注重内在力量质的提升，让自己长过原先的自己，这才是求得成功的关键。很多时候，我们强过自己，就是胜过对手啊！

（马国福）

建好最后一座房子

　　有一位建筑公司的老工程师，到了该退休的年龄，他告诉老板，自己准备回家，安度晚年，享享天伦之乐了。老板想将这位素以认真负责著称的工程师再留一些时间，并许诺支付双倍的工资，但老工程师拒绝了。老板请求说，那就请你最后再帮助建一座精致的房子吧，老工程师答应了。

　　老工程师开始建筑他最后的一座房子，但很快大家就发现，虽然用料与过去没什么两样，工人也一样优秀，但他的心思已不在这里，工程质量十分粗糙。房子建好的时候，老板将房子的钥匙递给了他。

　　"老伙计，这房子是你的。"老板说，"是我送给你的一份礼物，祝你快乐。"

　　他接过钥匙半天一句话也说不出，接着泪流满面，羞愧得满脸通红，最后竟蹲在地上放声大哭起来。如果他早知道这是在给自己建造的房子，他怎么会这样？他为自己这最后的败笔而痛苦不已！现在他只能住在自己因丧失责任心而粗制滥造的房子里，接受良心的审讯，一直到死。

在现实生活中，我们许多人何尝不是这样。也许一生都勤勤勉勉，刻苦努力，但在最后的那个时刻，却放弃了原则和理想，于是不得不品尝自己一手造成的苦果。虽然你这时后悔了，但是却为时已晚，你已经没有了改正的机会。

让我们将自己的生活当作那座房子吧，只要我们在设计它的时候，画好一张优美的图纸，在建筑施工的时候掌握好一砖一瓦的位置，那么我们的理想就会变成现实，变成一座精美的房子。作为主人，你就可以说："啊，这么好的房子，可是我自己建筑的呀！"

（南北）

和自己比赛

小外甥要练长跑，非让我陪他去。周末一大早，我就被他喊醒了，跟他一起来到了运动场。他们开始做准备活动，我坐在看台上观看。他们起跑以后，我看见指导老师手拿秒表站在了终点，一脸严肃认真的神情。

我以为小外甥既然参加了训练，那一定就是擅长长跑，很有实力，但是，我发现他的速度不快，跟在同学们的后面跑，显出很吃力的样子。跑完的时候，他居然排在倒数第一名！

我看见指导老师批评了他，显然不满意他的成绩。我以为他一定很沮丧，就打算开导他一番。

在回家的路上不等我开口，他就很兴奋地告诉我："舅舅，我比昨天快了将近10秒！"然后对我讲他的计划，多长时间要提高多少，根本就没提和别人之间的差距，他和我的思路的不同，在于他是在和自己比赛！

看着他自信的样子，我不由得开始反思自己的思维方式。

从小到大，来自学校、家庭、社会的观念都是要出人头地，比别人强，"宁为鸡首不为牛后"，这些教诲，固然有正面的鼓励作用，但是，也衍生了很多不良的后遗症。只顾了和别人争，要超过别人，与他人一决成败，看人家做什么，立即就跟进，抱定非要胜过对方，把人家比下去。事实上，谁也不会强过所有的人，谁也无法永远领先，所以一旦陷进了和别人比的误区，就有可能迷失了自己。

有这样一句印度谚语："胜过别人并不算什么高贵，真正的高贵是胜过以前的自己。"这话说得多好！为什么一定要和别人比呢？一个自信的人，应该明白自己的长处和短处，承认自己不如人的地方，接纳别人比自己更优秀的事实，虚心求教，完善自我，拿自己做比较的对象，和自己比赛，随着时间的推移，让今天的我超过昨天的我，这才是真正的胜利。

（张民）

依靠自己的力量

　　有一天，大仲马得知自己的儿子小仲马寄出的稿子接连碰壁，便对小仲马说："如果你在寄稿时，随稿给编辑先生附一封短信，只要说'我是大仲马的儿子'，或许情况就好多了。"小仲马却倔强地说："不，我不想坐在你的肩头上摘苹果，那样摘来的苹果没味道。"年轻的小仲马不露声色地给自己取了十几个其他姓氏的笔名，以避免编辑先生们把他和大名鼎鼎的父亲联系在一起。

　　面对那一张张冷酷无情的退稿笺，小仲马没有沮丧，仍在屡败屡战地坚持创作自己的作品。他的长篇小说《茶花女》寄出后，终于以其绝妙的构思和精彩的文笔震撼了一位资深的编辑。这位编辑和大仲马有着多年的书信来往，他看到寄稿人的地址同大仲马的地址丝毫不差，便怀疑是大仲马另取的笔名。但这位编辑又发现这篇作品的风格却和大仲马的迥然不同，于是这位编辑带着兴奋和疑问，迫不及待地乘车造访大仲马家。

　　令这位编辑大吃一惊的是，《茶花女》这部伟大的作品，作者竟是名不见经传的小仲马。"您为何不在稿子上署上您的真实姓名呢？"

这位编辑疑惑地问小仲马。小仲马说："我只想拥有真实的高度。"这位编辑对小仲马的做法赞叹不已。《茶花女》出版后，法国文坛的评论家一致认为，这部作品的价值远远超过了大仲马的代表作《基度山恩仇记》。小仲马靠自己的力量登上了文坛高峰。

美国物理学家富兰克林，是家中12个男孩中最小的。由于家境贫寒，他12岁就到哥哥开的小印刷厂去做学徒。他把排字当作学习写作的好机会，从不叫苦。不久，富兰克林认识了几个在书店当学徒的小伙伴，经常通过他们借书看，随着阅读数量的提高，他逐渐能学着写一些小文章了。

在富兰克林15岁时，他哥哥筹办了一份叫《新英格兰新闻》的报纸，报上常登载一些文学小品，很受读者欢迎。富兰克林也想试一试文笔，但又不想通过哥哥使自己的文章见刊。为此，富兰克林化名写了一篇小品，趁没人时把稿子悄悄放在印刷所的门口。第二天一早，他哥哥看到那篇稿件，便请来一些经常写作的朋友审阅评论。那些人一致称赞是篇好文章。有一位诗人竟断言，此文一定是出自名家手笔。

从此，富兰克林的文章经常在报上发表，但他的哥哥一直不知道真正的作者是谁。后来，他哥哥决心要识破这个谜，便在半夜时分藏在印刷所门口。他哥哥做梦也没有想到，这位名家竟是自己的弟弟小富兰克林。

小仲马和富兰克林本都有可以倚靠的力量，但他们却毫不犹豫地放弃了。比起那些有靠便靠，没有倚靠便拼命寻找的人，是多么鲜明的对照呀。他们是一代伟人，他们之所以能成为一代伟人，除了他们的天赋以外，还与他们独立的人格有关，因为没有依赖思想，生命的能量就完完全全地迸发出来了。任何事物的发展规律都是一样的，外因是变化的条件，内因才是变化的根本。从这个意义上说，人人都是自己命运的设计师，改变自己命运的不是靠借助他人的权力和财富等，而是自己的内心力量——智慧、热情、学识等。依靠自己的力量，不是说完全不借助前进中可以借助的力量，而是强调千靠万靠，不如靠自己。

（蒋光宇）

用善良和踏实迈开第一步

　　走出校门，我便开始找工作，找遍了家乡所有工厂，没有一家肯接纳我，最后我决定外出打工。

　　南方李老板来招工，带我们去他的保温材料厂工作，我们先坐火车到北京，然后倒车去他们那个城市。

　　在火车上，人拥挤不堪。李老板是一个很有旅途经验的人，不费周折竟为我们几个女孩子找到了座位。我们刚坐下来，就看到一个衣衫褴褛的老人捧一顶破帽子，正沿着一个个座位乞讨。许多人都转过脸不理他，有的冷漠地闭上眼睛装睡，也有蛮横的旅客大声呵斥他滚开！老人不住地为大家作揖，可很少有人肯施舍一分钱。当老人移到我的位子前时，我看到了老人又脏又苍老的脸、像一堆乱草的头发。他那双充满乞求的无助的眼神刺痛了我，我的心揪了起来，我几乎没思考，迅速把包里所有零钱都倒在他的破帽子里，他帽子里的几个角票顿然失色。老人也大感意外连连作揖，最后呜咽地说："我一天没吃啥啦！"我再也没听清他说什么，低头不敢再看他，我怕流下眼泪。老人还没走远，李老板就大声训我："就你心眼好，他比你都有钱！"我红着脸低声说："我没想那么多，我只是看他是一位老人。"李老板和车厢所有人都静下来，许久没有人说话。

车到北京是凌晨五点，李老板带我们去吃早餐，在一个生意兴隆的小饭店落座，每人一碗汤两根油条，一天一夜的火车坐得我们又困又饿，吃饭简直是享受。我一边吃着油条，一边打量着这家小饭店，发现这里的食客大多是忙于上班的，匆匆吃几个饺子就离去，于是一盘一盘的饺子都剩下了，服务员收拾餐桌时，顺手就倒掉了。我看她倒一次心里就惋惜一次，要知道在我的家乡还有一年才吃一顿饺子的人家呢！看看桌上还有两盘饺子，顾客根本没吃几个又将沦为垃圾，我心生不忍，终于站起来说："这饺子扔了怪可惜的，让我带走行吗？"服务员一脸的鄙夷："随便吧！剩的，没人要的。"我便在众目睽睽之下，用装油条的袋子把那两盘顾客吃剩的饺子装起来，塞在挎包里。李老板一脸的不悦，结完账，我们走出饭店，同行人谁也不理我。但我并不觉得自己做错了什么。

到目的地后，我们梳洗后，李老板带我们去吃公司免费为我们安排的午餐。我说："我有饭了，就不去了。"我的午餐就是那两盘饺子。

上班了，我们用岩棉卷保温管，工作又脏又累，我任劳任怨，只希望挣到钱好寄给家里——这几年家里为供我读书花了很多钱，我要回报父母。下班后，我就躲在宿舍里看书写作，偷偷做我的作家梦。

一个月后，公司总裁请我到办公室去。我很纳闷：一是我不认识总裁，我只是一个打工妹；二是总裁也不认识我，我又没有什么来头，叫我干什么呢？

走进总裁富丽堂皇的办公室，总裁坐在宽大的办公桌前——一个很儒雅的老者，看到我进来，他示意我坐下，我坐下后说："我就是叶子，是您叫我吗？"

"是的，是的。"总裁操着南方口音："我想认识一下叶子。"于是我简要地介绍了自己。总裁连连点头："可惜呀，没考上大学，你说你偏科，是不是偏好文科、偏好写作呀？"

"是的，我很喜欢写作，以至于荒废了理科。"

"你发表过文章吗？"

"发表过，在我家乡的报刊上。"

"太好了！看来你目前的工作不太适合你，从明天起到办公室来做文秘吧！先实习一段时间，学学电脑，我相信用不了多久你就会胜任了。"

我惊呆了，梦寐以求的工作就这样轻而易举得到了，该不是在做梦吧！看到我一脸的莫名其妙，总裁开心地笑了起来："说实话，我聘过几任秘书，她们的工作令我不满意，都辞了。李老板向我汇报招工经过时提起了你，我就记住了你的名字，我又观察你一个月，发现你很勤奋，还有，能对一个老乞丐毫不吝啬的人却又珍惜被人扔掉的几个饺子，我对此很有感触，我想以你的善良和学识，再加上你诚实肯干的工作态度，会帮我处理好各项事务并协调好各方面的关系的。"

"让我试试吧！"我高兴地答应了。

就这样，我幸运地坐在宽敞的办公室里，开始了我的文秘生涯；就这样，我用我的善良、我的踏实迈开了我人生的第一步。

（张爱民）

哑巴的秘密

　　我9岁那年的春天，村里来了一个哑巴木匠，不知道他从哪里来，也不知道他叫什么。我爷爷是十分慈祥的老村主任，见他憨厚，就收留他住在我们家那间冬暖夏凉的小偏房。哑巴木匠干活踏实，手艺也好，桌子板凳柜子乃至棺材，他都会做。他也从未闲着，总有人请他。他不收工钱，只是吃上别人一顿饭，但人们还是两块三块地给他。我叫哑巴木匠为"哑巴哥哥"。哑巴哥哥每次干活回来，总给我带些好吃的，还常做些带小轮子的玩具给我玩。我玩得开心时，他便傻傻地笑，煞是灿烂。

　　一个多月后，我发现哑巴哥哥每个星期总有个下午出去半天，不是给别人干活，因为他五六点钟回来的时候什么工具也没带。我问他去哪里了，他只是笑。我想跟他去看个究竟，可是我要上课，找不到机会。有一天，我把这事告诉了爷爷，没想到爷爷厉声说道："小孩子，别胡思乱想！"很少看到爷爷这么严厉，我以为自己真的做错了什么，也就没再多想。渐渐地，这件事便淡忘了。

　　就在那年夏天，发了大水。一天傍晚，形势危急，广播说西边的坝子要决堤了。一时间，村子都乱了起来，无比地恐慌，大人们跑的跑、骑车的骑车，而拖拉机、牛车等都拉着小孩老人，一起往北边的主堤上跑，那里地势最高。我没有看见哑巴哥哥，爷爷也没看见，有人说哑巴往西村跑去了。爷爷着急了，西村地势可最低啊。当人们快要到堤上时，洪水涌来了，足有半人多高。待人群平静后，爷爷终于在西村的人群中找到了哑巴哥哥，可惜他躺在地上，永远地闭上了眼睛。原来，他跑到西村去帮助一户人家，也就是一位盲眼老奶奶和一位小孤女。他把她们送上一辆拖拉机后，又跑去抢险。哪知坝子还是没守住，决口时，一块大石头撞到他的头上，他倒了下去，被洪水冲走了，抢险的人们也没能拉住他……

听着人们议论纷纷，我也知道了哑巴哥哥所牵挂的小孤女和盲眼奶奶，就是他的"秘密"。他每星期总有一天下午出门，实际上就是去看望她们，把自己挣的钱给她们，还干半天的活。哑巴哥哥乐意做这些，也仅仅是因为他来我们这里路过西村时，那个盲眼老奶奶让小女孩给他盛了一碗饭吃。我那时常想，哑巴哥哥天生就是好人，要不他怎么会去抢险呢？他又不是我们这里的人。我问爷爷，爷爷也只是难过地感叹一声："好人！"就不说什么了。

哑巴哥哥的故事伴随着我长大。我一直记得他那灿烂的笑容，写满了淳朴、勇敢和善良。上大学后，学校正掀起"做人"和"求学"之争，师长们反复教导"做人"是根本。做人、做好人其实是用不着讨论的，也不是能刻意学到的。就若哑巴哥哥，他身世可怜，可他却满怀爱心。还有好多感人肺腑之事不就在我们身边那些平凡人之中吗？从小事去爱吧，我们的灵魂才会拥有美丽的翅膀，才会快乐地飞翔。

（大辫子）

激　励

激励，是吹向我们心海的风，它能鼓足我们理想之舟的风帆，推动我们更快地驶向成功的彼岸。

激励，是洒向久旱原野上的春雨，它能给干渴的种子以无声的滋润，从而给原野带来花红叶绿的无限生机。

激励，是赋予宝剑以锋芒的砺石，它能把宝剑的作用发挥到极致。

激励，是在人们的心灵深处吹响的进军号角，这号角能使在困境中前进的奋斗者的灵魂为之燃烧，从而忘记路途的遥远和疲劳，更加坚定地走向人生更伟大的目标……

领导若能经常给下属以激励，下属们就能把自己的工作当成不朽的艺术作品，用尽全部的心血来精雕细刻；

观众若能给赛场中的运动员以激励，他们就能像旋风、像狂飙一样把新的纪录创造，从而给观众的心中留下一座座永恒的力与美的塑雕；

朋友之间若能相互不断地给予激励，彼此就能从对方的生命之树上欣赏到盛开的智慧的花朵，品尝到才华所结的甜美果实；

医生若能给病人以激励，那战胜病魔的信念便能使最平常的药物，产生让人不可思议的疗效，甚至最平凡的医生，也能创造出最不平凡的医学奇迹；

父母若能常常给孩子以激励，孩子便能像小鹰一样在成长的过程中获得一对自信的翅膀，不管在以后的岁月里遇到什么风雨，都不能阻挡他们飞向自己向往的远方；

老师若能给自己的学生以激励，学生们的心中便会充满温暖的阳光，知识就将成为这阳光下最美妙的音符汇聚到他们心灵的五线谱上，终将有一天会在他们生命的琴弦上奏响……

激励，是教育的灵魂和精髓。

激励，是我们随时都可以为他人即兴创作的无韵之诗。

激励，是我们的心灵能接收到的最美丽的礼物，也是我们送给他人的最珍贵的礼物！

（王飙）

重用自己

　　一个人怎样给自己定位，将决定其一生成就的大小。志在顶峰的人不会落在平地，甘心做奴隶的人永远不会成为主人。

　　在现实中总有这样一些人：他们或因宿命论的影响，凡事听天由命；或因性格懦弱，喜好依赖他人；或因责任心太差，不敢承担责任；或因，惰性太强，好逸恶劳；或因缺乏理想，混日为生；等等。总之，他们就是给自己低调定位，遇事不敢独当一面，不敢承担责任，不敢为人之先，不敢忧国忧民。换句话说，就是不敢重用自己，而被一种消极的心态所支配，甘心自轻自贱。这种心态是一个人进步的障碍，成功的大敌。所以古人说："胜人者力，自胜者强。"

　　一个人要想有所建树，有所成就，就要敢于给自己高调定位。要敢于重用自己，即敢于承担责任，敢于独当一面，敢于战胜一切艰难险阻，敢于排除前进道路上的一切障碍，敢为人先。要有这样一种信念：别人能做的，自己也能做到；别人做不到的，自己还能做到。

敢不敢重用自己，是决定一个人成就大小的决定因素，而智力的高低、学业的优劣仅在其次。为什么有些在学生时代学习成绩优秀的学生走上社会以后反而不如中等学生更有建树？原因往往是前者不如后者能更好地重用自己。毛泽东在学生时代时，数学成绩经常在四五十分之间，但他敢于发出"问苍茫大地，谁主沉浮"的诘问和"俱往矣，数风流人物，还看今朝"的肯定回答，最终缔造了一个新国家。原因就是他敢于重用自己，并与一切宗派主义、个人主义、逃跑主义等作斗争。

在我国深层文化心态中，自古就有一种祈求被人重用的心理。如"良禽择木而栖，良臣择主而事""士为知己者死，女为悦己者容""人敬我一尺，我敬人一丈"等。这种心理的外化形式表现在各个方面，在对待中国与外国之间的问题时，崇洋媚外，唯洋为是的表现即是其一；在日常交往中，拼命地巴结和讨好有权有势者，一切的阿谀奉承、溜须拍马、谄媚取宠、请客送礼等均源于此种心理；在同僚之间明争暗斗、嫉贤妒能、互相拆台、设置陷阱等也源于此种心理。必须认清，此种心理是对人生的误导。

敢不敢重用自己，是一个人自信心、责任心和意志力的表现。自信心即是相信自己的才能、相信自己能够成功的心理；责任心即敢做敢当、敢于承担错误和对人负责的心理；意志力即为了达到目的，不怕困难和挫折并勇于战胜困难和挫折的心理品质。因此，有意重用自己的人，必须在这三方面努力训练和提高自己。

敢于重用自己，最终必有大成。心理学研究表明：人的潜能是无限的，大有越开发越丰富之势，敢于重用自己的人，总是努力开发自己的潜能去完成其高远的目标。虽然他在实现目标的过程中，常常会遭受一些挫折和失败，但是他从挫折和失败中学到的东西比从成功和顺利中学到的还要多，每一次的挫折和失败都是向成功迈进了一大步。所以，他最终必有大成。

总的来说，每个人的命运都在自己手中，每个人都可作出惊世骇俗的业绩，关键就在于敢不敢重用自己。谁要是将命运寄托于他人，祈求他人的重用，那结果必将是受人役使和摆布，或者"为他人作嫁衣裳"。

（杨春晓）

请多为你自己喝彩吧！

　　我最喜欢赛场上那个虎虎生风、怒目金刚式的邓亚萍，每赢一个球，只见她把紧攥的拳头一扬，嘴里叽哩呱啦地喊叫着。我多少次猜想着：在那样的情景中她会说些什么呢，始终想不出。宋世雄在一次现场解说中满足了我的好奇心。宋世雄说："每打一个好球，邓亚萍就情不自禁地为自己喝彩：'好球！''漂亮！'"啊，球风雄健、球技精湛的邓亚萍原来是在为自己鼓劲加油，这个个子不高心计不俗的小邓真可谓智勇双全、脱俗超群。球案边的邓亚萍永远处于咄咄逼人的进攻状态，即使一时失利，她也临场不乱，处变不惊，首先在气势上压倒对方，形成威慑，战而胜之，这不能不说是她决胜世界乒坛的成功秘诀吧。

　　邓亚萍为自己喝彩，唱响世界乒坛；我为邓亚萍放声喝彩！不仅为她球打得好，更在于她在立世做人方面竖起一面不倒的旗帜！

　　无独有偶。凡到萧乾家做客的人，对悬挂于客厅那张占半堵墙那么大的萧老的照片备感惊讶，有人直言："萧老，这一定是你最喜欢的一张照片吧？"萧老借题发挥道："人要是连自个都不喜欢，怎么会喜欢别的生命?"果然是名家气派,一出口就是叮当作响的名言。

"认识你自己",这是做人的最高标尺。"天生我材必有用",古今通用,畅行天下。然而,生活中的有些人往往把自我生存价值的高低建立在别人的评价上、裁决上,这很容易陷入一种误区,使自己盲动无着,无所适从。我以为,别人瞧不起无关紧要,自己瞧不起自己才是作孽。一个人连自己都瞧不起,未曾举步就胆战心惊,未曾张口就话软三分,脊梁骨直不起来,头抬不起来,脸扬不起来,气鼓不起来,精神打不起来,活脱脱一副软骨头、窝囊相,这样的人还能指望他做成什么事情?时下流行的"崇拜你自己"的这句话并不是天衣无缝十分妥帖的,但它含金量实在不低,正面利用,其力无穷。

有人说尤金是新加坡的三毛,尤金不买这个账。三毛固然取得了令人眼热的文学成就,然而尤金认为:三毛是三毛,尤金是尤金。尤金也许对三毛佩服得五体投地,也许会默认自己且有不及三毛之处,但只是某一侧面的不如,绝不是整体上的不如。在某一点上完全有可能强于三毛许多。况且三毛在远不该离去的时候去了,而尤金却正当年,正是出好作品的年龄,多少年之后,尤金为什么不能取得比三毛更高的文学成就?即使三毛果真是一座别人难以企及的孤峰,尤金也有足够的理由说:"我崇拜尤金而不崇拜三毛。"

安徽农民书法家刘慧民与国画大师齐白石有幸相识,齐白石精湛的画技使刘慧民大开眼界,一饱眼福,他逢人便赞不绝口。于是有人从中撮合怂恿刘惠民借此良机拜齐白石为师，刘慧民却坦然慨叹："齐先生的画技确实一流，但他的字不如我，他画他的画，我写我的字，我不能拜他为师。"面对中国画坛巨擘齐白石的盛名不迷信不盲从，他为自己的字喝彩，这是怎样的大智大勇！他心知肚明：如果丢弃自己的写字之长去攻学齐老的画画，怕是写字的功夫荒废了，画也未必学得好。

捷克同胞不知昆德拉，很有些墙里开花墙外香；有人说巴金的文字功夫至多算是文通字顺的中学生水平；有些文学史家对写出《荷塘月色》《背影》等名篇佳作享誉文坛的朱自清深不以为然，大言不断地说："朱自清所以闻名遐迩不是因为他的作品有多好，而是得益于众多的学生为他捧场之故。"功名盛极的巨匠尚难以得到他人一致的认同，更何况无名鼠辈的我们？一味地坐等别人为你喝彩，无异于"守株待兔"。一味地等下去自然未尝不可，谁也无权干涉，怕只怕"白了少年头，空悲切"。其一，你的长处你的优势你的潜质别人如何像你自己那样知根底？其二，千人千面，性情各异，胃口不一，价值观截然不同，你认为泰山一般重的东西别人眼里不过轻于鸿毛，叫人家如何为你喝彩？其三，人家不吃不喝你的，有什么义务为你喝彩？等你功成名就之时能够叫一声好鼓一下掌助一回兴已经很够情义，那只是在你获得绝顶成功之后。

成功后的喝彩固然必要，但我们更需要的是向既定目标进发途中不断地打气与加油，即战场上的擂鼓助威，这个任务最好要自己担当起来而不是寄希望于他人。纵情地为自己喝彩也可，不露声色地内心喝彩也好，如此，才能形成源源不断的动力源泉。不妨学学萧老，尽情地欣赏自己喜欢自己，使自己做得好上加好以求别人更加喜欢；学学邓亚萍，不失时机地为自己喝彩，强化自信心，迈着自信的脚步向着更大的成功进发与攀登！

古人说："无人赏，自家拍掌，唱得千山响。"

（赵锁仙）

人活一口气

有句俗话叫"人活一口气，佛争一炷香"。不知谁见过"佛争一炷香"，但"人活一口气"的事却有很多。

有的人为活一口气，不惜牺牲人格，出卖良心，结果表面上是争赢了一口气，骨子里却把做人的尊严丢了。那简直就是打肿脸充胖子。

有的人为活一口气，折腾得轰轰烈烈，仿佛这一口气不争赢就立马不活了似的，然而只热血沸腾了三分钟，也就偃旗息鼓，知难而退了；或许，还要学寓言里那只狐狸的腔调，指着自己够不着的葡萄自欺欺人地说葡萄酸呢。所谓不争气的人，就这么产生了。

更有一些人为活一口气，活得兢兢业业、坦坦荡荡。他们争赢了一口气注定会再接再厉地去争另外一口气，他们一辈子就这样在不息的奋争中度过。不了解他们的人说他们活得太累，了解的人却没有一个人不认为他们活得最充实。他们即使明知道有哪一口气自己根本就没有希望争赢，也会全心全意地把争气的过程演绎得血肉丰满、精彩纷呈。他们说只要尽了全力也就无怨无悔了。

人活一口气，本质上是没有错。错的是有人争的是闲气、邪气和没头没脑的气。争气的方向错了，所以赢得愈漂亮，就愈显得浅薄、丑陋和可笑。

所以，人要想真正地活一口气，正确地选择争气的方向显得格外重要。并且在方向选对了之后，至少还要带上三样东西：决心、恒心和平常心。决心压倒畏惧，恒心制服浮躁，平常心提醒理智。这样，争赢一口气应该是不成问题的了。

决心、恒心固不可少，平常心又何尝能少得。少了平常心，争赢了，也许就像范进中举乐疯了；输了的话，保不住不学楚霸王乌江自刎。

神佛尚且争香，做人更需争气，只不过要心平气和地去争，要赢能放得下，输能担得起。

（曹应东）

做你自己的好朋友

有一个人你一生都得和他在一起，这个人就是你自己。你和自己相处得如何，关系到你一生能否成功地度过。所以，做你自己的好朋友，是你应该学会的一门生活艺术。生活中，到处都有不能和自己友好相处的人，他们或是心存自卑，或是甘于平庸；或是自寻烦恼，或是谨小慎微。他们不相信自己，看不起自己，因此，他们难免成为生活跑道上的落伍者。而那些和自己交上了朋友的人，则是另外一种模样。他们神态轻松自如，从容不迫，言谈举止充满自信，不管遇到何种风浪，他们都不抛弃自己。最终，他们将成为成功的获得者。

一个人要想和自己交朋友，关键是要用宽容、友善的态度来对待自己。既要看到自己的长处，并加以发扬，又要了解自己的短处，然后努力克服。尤其是在遭遇失败时，要给自己加油、鼓劲，激励自己从跌倒的地方爬起来。这实际上也就是按照老百姓总结的一句话去做：不要自己和自己过不去。

当然，说来容易做来难，在生活之路上常会有难以预料的逆境，它会使人们陷入沮丧，饱尝痛苦。这种时候，也正是我们最容易出现内心冲突的时候，我们只有化解情绪，才有可能越过障碍，走向未来。

有人问："我为什么要花那么多时间和自己打交道、交朋友呢？有那工夫我去多交几个别的朋友不更好吗？"说这话的人不懂得：正如有花才有果、有根才有苗一样，和自己交朋友是和别人交朋友的前提、基础，一个心中充满怨恨、对自己不友好的人，怎么可能对他人友好呢？又怎么可能拥有众多的朋友呢？那些人缘好、朋友多的人，首先是因为他们能和自己和睦相处。所以，朋友，假如你以前和自己的关系相处得并不好，那么，你得抓紧时间弥补这种关系，为了使你的生命更有价值，你非得成为自己的好朋友不可。

（沈竹均）

自　　重

　　自重是一种境界，是"吹落黄沙始到金"的修养。

　　自重是一种品德，是"心底无私天地宽"的豁达。

　　自重就是自我珍重，尊重自己的人格，注重自己的言行，珍惜自己的名声，待人处事端庄厚重与自己的身份相符，不失之于流俗与浅薄。自重不是自傲，更不是老成持重，而是自己对自己的一种尊重，是更深层次地善待自己，是健康人格的一种体现。正如黑人领袖马丁·路德·金所言：这个世界上，没有人能够使你倒下，如果你自己的信念还站着的话。

　　量宽自会福厚，德高才能望重。做人就应该拼搏而又尽职尽责，不媚俗而又广结人缘，自立而又乐于助人，自重而又谦恭儒雅。自重的人生永远幸福永远快乐永远有生命力，自重的人品是从无数次的自信中提炼出来的璀璨明珠。只要自重，尽管自己是一粒细砂，面对巍峨的高山也不会自惭形秽；只要自重，哪怕自己是一棵小草，面对伟岸的大树也不会妄自菲薄。

　　捧着一颗心来，不带半根草去——这是陶行知的自重联。

人不可有傲气，但不可无傲骨——这是徐悲鸿的自重言。

一丝一粒，我之名节；一厘一毫，民之脂膏。政宽一分，民受赐不止一分；多取一文，则吾为人不值一文——这是古人的自重铭。

清清白白处世，踏踏实实做事，堂堂正正为人——这是今人的自重语。

一时自贱，可以带来半世羞辱；一世自重，能够昭垂百代清芬。自重的人率先垂范风范千秋，自重的人生命常青亮节高风足可风世，自重的人无须人夸品行好，只留清气满乾坤。

古人云：君子不重则不威。自重是强音，自重是力量，自重是征服，自重是尊严。

自私，只受益一时；自重，则终生坦然。一个人活在世上，最可怜的是无知，最可悲的是自贱，最可笑的是狂妄，最可敬的是自重。

自重与自轻，是伟大与渺小的分野，是凡人与庸人的区别。人生最大的不幸是自卑，自己看不起自己。不自重就会失重就会轻生，轻而易举地解脱自己，美其名曰看破红尘遁入空门，都去养性修身，谁来推动社会进步？都去寻找世外桃源，谁来为人类的历史卷帙增厚加重？

暮霭孤峰立，秋声万壑风。从来高境界，缘自大心胸。荆轲自重，身许为知己死，一剑夷门，至今侠骨香仍古；陶潜自重，腰不为督邮折，五斗彭泽，从古离风清至今。是啊，海不言深而自深，山不言重而自重，只要我们正气骨气大气在胸，只要我们铁骨傲骨硬骨在身，大写的"人"字也会不言厚重而自重。

壁立千仞，自重则刚！

（黄开林）

勇于优秀

韩颖离开工作了9年的海洋石油总公司，丢掉铁饭碗，正式加入了惠普(中国)公司，在财务部工作，那年，她已经34岁。面对异议，她说：人生什么时候改变都不晚。一进惠普公司，韩颖就来了次大动作。

20世纪80年代末，还没有工资卡。每次发放工资都由两个人手工完成、同事负责点钱，韩颖负责核实，三百多人的工资，当时又没有百元大票，厚厚一叠钞票，一个一个核实，数得人头晕眼花。韩颖暗想，每年每月都如此发工资，既浪费时间，又容易出错，有什么办法呢？

一天，下班了，韩颖疲惫不堪。路过公司附近的银行时，她突然灵光一闪。次日一大早，韩颖找到银行负责人，希望能为公司三百多位员工开户。"我将每月的工资总数直接存到银行，员工凭折子领取工资。"

负责人有些犹豫。

韩颖道："这样银行会有一笔数目不小的存款，有百利而无一害，是好事啊。"

负责人经不起她的再三劝说，终于点了头。

第二个月发工资的日子到了，韩颖兴奋地在财务部外面贴了张告示，告诉大家今后领工资不用排队等候了，直接拿着折子，到下面的银行领取就行。

事情的发展并不顺利。每个拿到折子的员工似乎都不太满意，在财务科外站着，面有愠色地议论纷纷。韩颖心里正忐忑不安，直属领导让人来找她了。

一跨进办公室，她就被批评了一顿。领导说她犯了两大错误，一是为自己轻松，让三百多个员工自己取钱，自私；二是贴大字报搞宣传，不经上级同意就擅自行事，放肆。领导声色俱厉地让她回去检讨自己。

韩颖回到财务室，努力忍住不让眼泪掉下来。难道自己真的做错了？

这时，上层的外方领导传话来了，让韩颖过去见他。一进门，她看见对方赞许的笑脸。外方领导肯定地说："你改写了公司5年手发工资的历史，这种勇气和创新精神非常值得嘉奖！"

那一天，成为韩颖职场生涯的转折点，她因此被评为惠普公司年度优秀职员，在大会上，她意气风发地说："好的设想常常被扼杀在摇篮里，但这绝对不是你变得平庸的真正原因。永远不要害怕改变，改变里就有契机，它会让你成熟，更了解自己的能力极限。只要你是一只绩优股，投资者总会认识你，认可你，并且长久地支持你。"

再回头，让我们看看韩颖迄今为止的人生履历表。

她15岁下乡，24岁招工回城，分在天津渤海石油公司运输大队做汽车修理工。五十铃轮胎与她肩膀同高，累得她筋疲力尽。回到家，她仍抓紧时间学习会计学，并因业绩突出被调入中国海洋石油总公司。

她27岁进入厦门大学学习西方会计专业，在3年的学习期间还编译了一本140万字的英汉、汉英双解会计词典，是当时国内第一本西方会计工具书。

她34岁进入惠普(中国)公司，38岁出任公司中国区财务经理，41岁任公司中国区首席财务官和业务发展总监，47岁当选亚洲最佳CFO，2008年成为英国著名的杂志《ASIACEO》的封面人物，被该杂志评为"亚洲CFO融资最佳成就奖"，是此奖设立以来获奖的中国第一人。

正如杨澜所说："优秀女人的力量不是来自手中的权力，而是来自她们的意志与智慧。她们与很多人的差异是：勇于优秀——Daretoexcel，"韩颖改变的不只是银行折子的功用，而是自己的一生。

（王小蔷）

心灵在纸上行走

  姜欢，像她的名字一样，原本是一个天真烂漫、爱做梦的快乐女孩儿。然而命运却与她开了一个天大的玩笑，因为一场大病，她四肢瘫痪。

  那时，她才21岁，刚从省水校毕业，踌躇满志地走上新的工作岗位。正当她意气风发地准备大干时，她病倒了。随后在省城西京医院检查，被确诊为颅底凹陷症，发病率只有十万分之一，治愈率极其渺茫。这种病是由于中枢神经受压迫，导致大脑"指挥系统"失灵。经过前后两次手术，命总算保住了，但手脚像棉花条儿一样，落下了残疾。

  她无法接受这严酷的现实，一度以泪洗面。命运总是不肯眷顾这个苦命的孩子，她两岁丧母，姊妹几个靠父亲拉扯大，在贫穷落后的山村艰难度日。但是穷人家的孩子早当家，哭过之后，她终于调整了过来，她说："病痛只能让我身躯躺下，但，我的心永远不能倒下，身体残疾了，我的心理是健康的。

  读书时她爱好文学，凭着对文字的热爱，她想到用笔把自己的情感记录下来。可是，手无法握笔，她就忍受着疼痛，坚持小运动量的锻炼，增强手脚的灵活性。她让人拿来纸和笔，像初学写字的孩子一样，一笔一画地坚持练习。几个字、十几个字，慢慢地，手能勉强写字了。她发现用手机充当"电脑"更方便一些。就在手机上写好，又请人记在本子上。就这样，一首首诗，一篇篇文章，从她心底流淌出来，变成优美的文字。在她饱受病痛折磨中，写作让她减轻了痛苦，驱散了寂寞。她的诗，在一期《中国残疾人》杂志上发表了五首，占去两个版面，引起了不小的轰动。她的第一本诗集《真情流浪》出版后，在社会上反响强烈，她被誉为"镇安的张海迪"。第二本书《上帝哭了》(中国文联出版社)问世，让文联主席潸然泪下。她的第三本书《与命运抗争》，使一县之长为之动容，亲笔为她的书写序。

沉疴14年，只能靠人搀扶挪步的羸弱女子，用毅力和诗歌点亮了生命之光。她又是幸运的，她的病牵动了社会的方方面面，社会没有遗弃她，给了她十万分的关爱。每每提及这些，姜欢总是热泪盈眶。她说，没有人们的关爱就没有我的今天，我的第二次生命是好心人给的，我无以回报，只能好好地活着，用笨拙的笔去报答爱我的人。她说："真正的残疾是心灵的不健康、不健全，我有健康的心态。"是的，身体上的残疾我们无法改变，要紧的是人要有健康的心灵，只有这样，即便是身体不健全，也是一种残缺之美。她非常仰慕女神维纳斯，尽管没有手臂，还是那么完美。

　　她在《上帝哭了》后记中饱含深情地说："行走于征程中的我不知道还能走多远，如果我还能更长一点儿时间走过生命的绿色长廊，那么我将仍然去攀爬诗崖，我将永远用我的诗搀扶我走向人生的尽头。"没有什么比生命还要珍贵，经历14年疾病缠身的姜欢，对生命的理解更加深刻。这个时候，她最大的愿望就是快乐地活着。她在《快乐地活着》中说："生命简单得如同一杯白开水。我知道，在我生命的春秋史册上，我是根本做不到什么辉煌与显赫，但我平实地对待每一天，我以我的热忱和坦然来面对自己这孱弱的生命。"

　　当我在灯下，读着她用生命凝成的文字时，我完全被她顽强的意志和乐观震撼了。眼前总是浮现出她洋溢着微笑的脸，还有她走一步都要人搀扶的瘦弱身影。她虽然不能站立，心灵却在纸上行走，而且是那样地从容。

（余良虎）

在乐与伤中穿行

品读三毛的文字，虽没有临水照花之感，却总觉得进入了她设计好的梦境，就好像人生是一段清冽的小溪，而人在水底，看粼粼波光、片片黄叶从头顶掠过。

总惊叹她的一生是那么不凡，仿佛她的一生便有了别人几生的所有经历。会多种外语，走遍万水千山，有遍地的朋友，看她的文字所描述的经历，感觉离平凡现实的自己实在很遥远。而自己却甘心被她带进那样的世界。

梦里不知身是客，一晌贪欢。

作家池莉说过，我们每个人都只有一辈子，通过阅读，我们可以拥有几辈子。这便是读三毛作品最真切的感受。很难想象当三毛还是二毛的时候她的种种迷茫困惑，当遇见荷西后她的炽热激情，当痛失丈夫后的强烈伤感，当返台后再度出走的坚毅决心。我随她的文字，在世界各地游历，在她的一次次重逢和分别中徘徊，在她的一次次喜悦和痛苦中跌宕，在她的一次次前行和回眸中驻足，在她的一次次得到和失去中徜徉。在这样的梦境里，没有了自我，却甘心有这样的感受。

悲观的人总是看到红灯，乐观的人总是看到绿灯，而真正快乐的人是色盲。三毛就是这样一个"色盲"，却拥有大把大把洒脱的快乐。我看着她的生命从人间流到天上，又看着她的文字从天上流到人间。

也许是她亲手为自己编织了一个梦境，而这里面自己是客抑或是主，都不再那么重要，重要的是她摆脱了世俗的束缚，在相对的世界里看到了一处深邃的风景，继而拥有了一份与众不同的美丽心情。

她的自闭、叛逆、独立、自信甚至生命的终结，总让世俗中的人感到困惑。一个用文字来舞蹈的女人，舞跳得过于高明，便没有了舞伴来陪。高处不胜寒，而人在高处，灵魂总是寂寞。只是她有自己的世界，尽管一切来去不定，但她依然在梦境里舞出了自己最美的回旋，一直到生命的尽头。

放下书本，分不清自己是梦中人还是局外人。一切都不那么重要。只是想感叹一句：流水落花春去也，天上人间。

（刘悦）

把人做好最重要

大家好：

刚才坐在下边，心一直在"突突"。我身边这两位学者这些年来一直在帮助我、支持我。当着他们的面谈文化，我觉得这是"犯罪"，我始终觉得我不能谈"文化"这两个字。

我和解放日报接触的时间并不长，解放日报是党报，所以感谢党对我的重视。解放日报周末部的老高找了我几次，说就是让我来跟大家一起聊聊，后来我就说给余（秋雨）老师打个电话邀请他一块来聊聊。余老师不好伤我，就答应了。

余老师在上海露面的时候很少，今天我从心里感谢他能陪本山在这里坐坐。跟他坐在一起，又让我升值多少，我心里清楚。今天来演讲，我是闯祸了，闯了一个大祸，负担很重，比我接足球队负担还重。底下坐着那么多戴眼镜的，听咱一个农民讲话，我心里很忐忑。

几年前，召开过一次研讨会，我第一次接触余秋雨老师，会上请了很多专家为我这个农民打分、把脉。记得那是20世纪90年代初期，那时候我话说不出来，还不像今天这样。那次研讨会以后，特别是接触到余秋雨老师这样的文化人，我感觉到读书很重要。过去我不习惯看书，看一本书，一半丢了，一半忘了，那时候才觉得自己说话费劲了，有些人说的话我得拿回去"现翻"。这促使我回去后还真找了本字典，把斯坦尼(斯坦尼斯拉夫斯基，苏联戏剧家)的书看了俩月，我才明白一点点，自己该怎么说话。

说实话，我今天挺紧张的，就连上春节晚会都没有这么紧张过。面对你们，我可能有一点底气不足。说起文化，我没有资格说话，这应该是余老师和曹老师的事。

就讲一下这么多年我心里的感受吧。辽宁省开原市莲花六队，那个农村就是我的家乡。我每一次都在风口浪尖上来回，心里没有底。但我赶上了改革开放的好时候，赶上了好形势，我就这样从农村风尘仆仆地走过来。我的人生没什么计划，也没什么秘诀，只是我从没忘了自己曾经是一个穷人，是一个农民，我要尽我最大的努力，去感动那些过去感动过我的人。

当年我从农村出来时，第一个想法就是进城，那时就想，只要能进城，干什么都行。后来就当上演员了，或者说是个民间艺人，是从民间走来的这么一个民间演员。现在说我是艺术家，我心里挺没底的。刚进城时，想的就是挣点钱，好让自己吃饱，再后来想买套房子，再后来又想买车，再后来还想买更好的车。但当这些物质上的东西都得到满足的时候，我反倒觉得这些都不重要了，受到尊重才是最重要的。受到别人的尊重、受到社会的尊重、受到历史的尊重，对一个人是最重要的。所以我又和辽宁大学合作，开办了本山艺术学院。我想把这些年来观众给我的钱都还给他们，包括足球。

其实啊，足球是我最不想谈的一件事情，也是最闹心的事情，但必须还得有人去做。我们优秀的球员都在国外踢球。为什么？因为我们缺钱，但更重要的还是缺精神，所以在这种情况下，我就进入了足球界。

我加入辽足的时候，还不知道这个事也有点闯祸的意思。咋每一件事放到我身上都那么大呢？报纸新闻天天不断，让我天天害怕。不瞒你们说，我已经连续四天没睡好觉了。昨天晚上跟体育局局长汇报这个事，谈到今天早上四点，然后我就直接上飞机来上海了。我现在还晕乎乎的，就像是在坐船。你们说，这大上海，还有我身边的两位大学者，黄浦江的水有多深？所以我只能介绍自己。

谈谈我的文化身份，我的粗浅理解就是我是个什么身份。这些年来正因为我没有忘掉我自己的身份，所以才能把自己看得这么不值钱，看得无所谓。我有个诀窍，你把别人看大了，你自己才能做大；你把别人看小了，你自己也就小了。

有时候心理不平衡了，就跟过去的要饭的比。不行的时候才要重视自己，因为那时没人重视你。我一直是农民性格，始终柔软当中带着强硬，又那么狡猾，又那么直劲，就像我在"忽悠"三部曲里，把人蒙成那样，还那么受人欢迎。

　　在我们五千年的历史当中，虚假占据了文化的不少成分，所以我一讲实话别人就笑。轮到你有话语权的时候，也不能到处都说实话。当余老师宣布不写的时候，我在家痛苦了很长时间。（对着余秋雨）我觉得你跟自己过意不去，你不写了会伤了很多喜欢你的人。你应该坚强一点，都这么大的学者了，还怕那几个讲闲话的？你又不是为他们活的，你是活给精神领域的。社会很复杂，千万别被那些传闲话的、恶意中伤你的人给击倒了。只有写不出书的人才会写骂人话，他们希望通过这来出名。你得看开了，慢慢地，大家也会知道咱们是个什么样的人。时间长着呢，路也长着呢，只有我们自己才能证明自己，千万不要持怀疑一切的态度。这些话，都是我作为朋友说给你的。说这些，也是因为我喜欢你，这个真是没办法。我喜欢你，是因为你对我那么真诚，第一次见面开研讨会的时候，你把自己懂的东西卸开，用白话跟我讲，让我感动成那样。

　　坚强地往前走，自己相信自己。我们是13亿人民当中的一员，我们一定要爱护自己的国家，要尊重我们的民族，要听党的话，这是我们必须要做到的。邓小平同志领导我们的时候，老人家有一个细节，让我感觉到这就是中国人，这就是他的骨气。有一次，撒切尔夫人来，两个人坐在一起，邓小平不卑不亢地把烟掏出来，"再不行我就动手了"——这是在暗示。他并不是真的要抽烟，而是告诉对方，到这儿了，你就得尊重我的规矩。这个细节对我们来说太重要了，我们应该从内心强大起来。

我还要真诚地感谢上海人对我的接受。我记得第一次来上海，就是来领奖的，那也是我第一次坐飞机，第一次看到那么高的楼。后来浦东开发了，我就觉得这是一个多么大的城市啊，可比我们铁岭大多了。不过，话说回来，我还是对铁岭最有感情。人无论走到哪儿，家乡对一个人来说都很重要。想做好事情，首先就要把人做好，这是最重要的。我们得热爱自己的家乡，热爱自己的土地，尊重朋友，尊重喜欢我们的观众。

谢谢！

（赵本山在解放日报首届"文化讲坛"上的演讲）

（赵本山）

自己的价值

一个愁云满面的青年向一位教授求教。

"有人赞我是天才,将来必有一番作为;也有人骂我是笨蛋,一辈子不会有多大的出息。依您看呢?"

"你是如何看待自己的?"教授反问。

青年一脸茫然。

"譬如同样一斤米,用不同眼光去看,它的价值也就迥然不同。在炊妇眼中,它不过做两三碗大米饭而已;在农民看来,它最多值1元钱罢了;在卖粽子人的眼里,包扎成粽子后,它可卖出3元钱;在制饼者看来,它能被加工成饼干,卖5元钱;在味精厂家眼中,它可提炼出味精,卖8元钱;在制酒商看来,它能酿成酒,勾兑后,卖40元钱。不过,米还是那斤米。"

教授停了一下,接着说:"同样一个人,有人将你抬得很高,有人把你贬得很低,其实,你就是你,你究竟有多大出息,取决于你到底怎样看待自己。"

(朱庆林)

你想改变吗？

　　我是一个商务顾问，我的职责就是使那些大公司的运作更具效率，更加和谐地发展。二十多年来，我把所掌握的能提升生活品质以及改善工作效率的策略毫无保留地告诉了那些大公司的管理人员。

　　许多年前，也就是在我刚开始职业生涯的时候，一天，我的老板唐纳把我叫到办公室。"约翰，"他说，"我知道你一直都在期望加薪，我也希望我能给你一份更高的薪水。但是，坦白说，你的表现，嗯，平庸了些。"

　　我失望地离开了老板的办公室。但我认真考虑老板的话后，我反问自己："他说错了吗？我真的应该得到更高的薪水吗？"事实上，那年我的工作的确没什么突出的表现。所以，要想加薪，我必须做得更好，让自己更出色。结果，我发现的问题改变了我的生活，也改变了我的人生。你想改变吗？如果想，不妨问问自己以下这五个问题。

　　怎样才能成为一个好领导？

　　一次，我应邀到一家位列世界财富500强的公司举行一个关于上司与下属的职责的讲座。讲座完毕，这家公司的总裁来到讲台操作投影显示器。马上，屏幕上出现了几个巨大的字："个人责任从我们每一个人做起！当然，包括我本人。"我看着那些字，由衷地笑了。我想，他的员工应该为拥有这样的好领导而感到幸运。

一天，一家公司的总裁在下班的时候往窗外看。他看到一个员工正在通往公司停车场的通道上捡垃圾，而他并不是公司的清洁工。总裁查出了这个员工是谁，然后打电话叫这个员工到他的办公室。"你捡起了通道上的垃圾，使我们公司的停车场看起来更清洁，我相信，一个干净的停车场将会回报我们最佳的利益。"总裁说。从这个简单的行动，他看到了一个潜在的领导。这名员工不久便被提升为所在部门的管理人员。

行动胜于雄辩。好领导是那些树立好榜样的人。他们带头做，而不只是发号施令。怎样才能与众不同？

大多数人都希望自己能未卜先知。然而，在这个世界上没有人能做到这一点。但是，事情只要在我们的力量到达的范围内，我们就能使之实现。

一天中午，我打算到一家在当地小有名气的饭店吃午饭。来到饭店后，我发现已经没有单张桌子可用，所以我就坐到了吧台旁。刚坐下不久，一个侍应生端着一大堆刚用过餐的碗碟从我身边走过。他看见我，就满脸歉意地说道："请您稍等一会儿，我马上就回来招呼您。"很快，他回到我的身边，告诉我："本来这不是我负责的工作，但我不想让您一直等着。"说完，他拿起我的点菜单，其中包括一杯无糖可乐。"先生，很抱歉，我们这儿不供应无糖可乐。"他又满脸歉意地说。我告诉他那就来一杯白开水好了。

几分钟后，他端来我的食物，然后迅速回到他的岗位。他再次出现在我的面前时给了我一个意外惊喜：一瓶冰镇的无糖可乐。"您从哪儿弄来的。刚才您不是说你们这儿没有无糖可乐吗?"我好奇地问。

"离这儿不远的街角有一个杂货店。"他告诉我。

"但您忙得团团转，怎么有时间去买?"

"不是我去给您买的，先生。"他说，"我把您的要求告诉了经理，她马上去杂货店给您买了这瓶无糖可乐。"

多么了不起的服务！他大可这样埋怨："我为什么必须做这里的每一件事?"但他没有。

两个月后，我再次来到那家饭店。我要求我最喜欢的那个侍应生来给我服务。"他不再做服务生了，"我被告知，"老板升他去了管理部门。"听到这个消息，我笑了。

世界著名的慈善工作者特蕾莎修女曾经说过："用大爱做小事。"那个侍应生用他的行动很好地诠释了这句话，也正是他一直愿意做的小事让他收获了今天的大结果。

怎样才能帮助他人实现目标?

1992年春天，我的朋友吉姆·斯特拉顿聘请我开设有关领导和销售的课程。我的第一个任务是：招收到20个销售经理来上课，学费为每人500美元，课时为期两天。但我只招到9个人来上课。

开课的第一天早上，我和吉姆在教室等待我们的学生来上课。吉姆突然对我说："你知道吗，约翰？我看到了20个。"

"20个什么？"

"20个学员在这个班上课。"

我想，他怎么能如此残忍地讽刺我？"吉姆，你知道我们仅仅招收了9个人。"我没好气地说道。

"我知道，"他说，"但我看到了20个，因为我知道你能做到。"

我们的下一次课程在一个月后举行。再次，吉姆坚信我能招到20个人。然而，我只招了16个。"我看到了20个，约翰。"吉姆再次说，"我知道你能做到。"

我真的做到了。在接下来的两年时间里，我的每一个班都不会少于20个人。确实，我需要相信自己。有人会因为别人的悲观而动摇自己的信心。吉姆没有说："我怀疑你能做好，我只是让你试试而已。"他不断鼓励我，并且，他相信我一定会成功。

怎样才能做到最好？

几年前，我受邀到一家公司的年终颁奖大会上做演讲嘉宾。在演讲前，我认识了这家公司的职员戴维。演讲完毕，戴维来到我跟前，兴奋地对我说："您说得真是太棒了！您已经把这些演讲内容写成书了吗？"我告诉他我正在筹划这件事。"我几乎等不及了。如果我能重读您的思想，我可以把它们运用到我的生活中使之更加美好。我有很多需要改进的地方。"

一个小时后，我看到戴维被授予年度最佳销售员奖。我知道他为什么能拿这个奖。他已经向我展示，他在不断提高自己。

让我带你回到给我一杯无糖可乐的惊喜的那个饭店。那个由侍应生变为管理人员的人叫雅各布。当时，他去找他的经理，叫她去给我买一杯无糖可乐。她马上说"好"，而不是说："你有没有搞错。这里谁为谁工作？"当时，饭店顾客满堂，雅各布不能离开。而一个顾客需要满意的服务，于是，她亲自到商店给我买无糖可乐。她和雅各布一道把饭店的服务做到了最好。

怎样才能改变自己？

一天，我的妻子凯伦说："我准备去见一个婚姻顾问，我认为你应该来。"我默默接受了她的建议。三天后，我坐在了一位婚姻顾问的办公室，看起来就像两个拳击手相对而坐。"这个家伙是谁？他能教我什么？"我心里充满了怀疑。然而在和他交谈了一会儿之后。我发现自己放松了，并且认为，他真的能帮助我和凯伦。

难怪妻子拉我来进行辅导。当时，我已经陷入认为如果我的妻子更理解我，我的婚姻就会好转的思想的牢笼。但我怎么样呢？说实话我花在工作上的时间太多了。偶尔回家，我也在准备我的下一次演讲，或疲于考虑这样那样的事。"我正在努力为你和孩子创造一个更好的生活。"我总是这样对凯伦说。但这是一个令人疲乏的老套的搪塞。我的工作不是为了谋生，而是为了创造一个美好的人生。但美好的人生不仅仅指事业的成功。为了我的家庭，我必须改变我的做事方法。正如《圣经》上说的：与其介意别人眼中的斑点，不如去除我们眼中的光束。

怎样才能改变自己，是所有问题中最棘手的问题。但改变自己的最重要的一步是愿意改变自己的想法，并且，考虑别人首先要考虑的是承担自己的责任。面对所有的问题，我们可以这样对自己说：这是最重要的，比起改变别人，我更愿意改变自己。那天，从婚姻顾问的办公室出来后，我在心里对自己说："今后我要平静地接受我不能改变的人们，并且，我要勇于改变一个人，这个人就是我自己。"

（孔翠　编译）

别人不是自己的目标

一株优秀的小草不能将一棵大树当作自己成长的目标，因为无论它怎样努力，都不会变成树，它的目标应该是理想中的自己。

同样道理，一棵优秀的树木也不能将另一棵树当作自己的成长目标，只要按照自己的能力自然地成长就足够好了。它可以拿另一树木当榜样、做老师，但不必失去自己，成为这棵树高度上的牺牲品。而且树木也不是越高越好，130米是所有树木的极限，超越极限会将自己压垮。因此，大树不必嘲笑小草的矮，因为谁都有极限，你越高就距离极限越近，其中的危险也越大。

"挑战自我"是对的，但这种挑战不能盲目地超越自己的极限，理想中的自己永远不可突破生命的极限。什么箭能够永远地飞下去呢？弓拉到最满的时候就决定了箭的速度和高度，当弓被拉断的时候，箭也失去了意义。

据记载，近代史上的魏源是个依靠努力拔高自己而赢得成功的杰出人物，他经常闭门不出，待在书房里刻苦读书，竟使自家的仆人都认不出他这个小主人。这种学习佳话极大地刺激了当时的另一个神童石昌化，他决心要努力超越魏源，而不是按照自己应有的高度坦然成长。当听说魏源读书读到三更时，他就读到五更；有人又说魏源读书也读到了五更，那他就强迫自己熬个通宵……就这样，别人努力达到的高度，他认为自己也能够达到，甚至可以超越。他过于关注别人，却忘记了自己，他过分努力，升级为一种自虐，竟完全忘记了自己的生命极限。石昌化因此患上风湿，又引起痨病，进而呕血，最终"以病剧而不得与魏源同捷"，令人叹惋不已。

只要正确努力，每个人都会拥有自己的高度，只要抵达了自己应有的高度，那也是成功的人生。而盲目地跟随别人、仰视别人，视别人的高度为自己的目标，按照别人的高度去要求自己，道路就会越走越窄，人生就会越努力越危险，直到失去自我，在极限处折断弓箭，空留一声悲叹。

认清自己，成长自己，实现自己，这是比看到别人的高度还要重要的事情，掌握不了其中的智慧，别人的高度永远会成为我们的苦海。

别人的高度只是一种激励，而未来的自己才是自己的奋斗目标。在极限中让自己拔地而起，你同样堪称形象高大、精神完美的英雄。

（草上飞鸿）

请叫我第一名

因为有个形影不离的"同伴"陪着他，所以从小他被认为是调皮的孩子，没有朋友。因为"同伴"的存在，他屡受嘲弄与殴打，被同学排斥，不被父母、老师理解，可是他又无能为力。

在公共场合，他的"同伴"还会制造一些麻烦，为此他被赶出电影院，甚至被拒绝乘飞机。虽然他内心想过正常人生活，也极其渴望去电影院看电影，还想坐飞机到世界各地去，但是这些想法对于他来说确实很奢侈。

其实当他还是个孩子的时候，他就已经意识到，生命中最重要的事是集中精力，拼尽全力去做最擅长的事。尽管"同伴"会不时制造麻烦，但并没有影响到他的成长，他努力学习，并顺利地大学毕业，取得了学士以及硕士学位。

因为永不服输，年轻的他一直充满自信，就算遇到再大的打击也无所谓。他的梦想是当一名教师，当大学毕业后，为了找到一个愿意接受他的学校，他在全国的地图上圈出未去过的学校，然后带着地图，驾车前往，然而却没有一所学校愿意给他一份工作。连续被拒24次的遭遇在很多人看来，他一定会放弃。虽然他情绪低落过，甚至还哭了好多次。但他还是鼓足勇气，重新投入下一次面试中，直到第25次面试，幸运女神终于眷顾了他，他得到了一份教师的工作，是教七年级的孩子，事实证明，他不比任何人差。

这个人就是布拉德·科恩，有生以来的相当一部分时间都在抽搐以及发出响亮而不受控制的怪声。但生性乐观的他最终战胜了种种挫折和困难，如愿以偿地成了一名优秀教师和青年励志演说家。他应邀上过"奥普拉秀"，他的自传体小说《站在学生前面：妥瑞氏症教我成为我梦寐以求的好老师》赢得了2006年美国独立出版家奖的最佳教育书类奖，并被改编成电影《叫我第一名》，在观众中引起巨大反响。

因为那份坚强，他得到了无数人的尊重，当他被评为全美年度最佳教师时，所有的人都为他欢呼。在颁奖晚会上，布拉德·科恩说："要感谢我这辈子最难搞定也最执着的"同伴"——妥瑞氏症。对于我来说，正是因为我患上了妥瑞氏症，所以才成就了今天的布拉德·科恩，我相信我是一个好老师、一个好父亲、一个好人，请叫我第一名。"

即使在生活最艰苦最严峻的时刻，也不能泯灭自己的斗志、停止自己追随梦想的脚步。一个妥瑞氏症患者成为一名教师，他的学生们接受了他并且很爱他。他的用心是肥沃的土壤，他的耐心是温暖的阳光，而他的信心是灌溉的雨水。其实生命的真谛就是让你的生命发挥到极致，如果你有梦想，那么你就勇敢地去实现它，做你爱做的事，爱你所做的事，永远充满激情地去实现自己的梦想，没有什么事情能够绊住你的脚步，除非你不想那么做。

（妥瑞氏症：这种病在中国被称作抽动症。抽动症患者会不自主地眨眼、挤眉、吸鼻、耸肩、扭颈、摇头、踢腿、甩手，甚至发出奇怪的声音。）

（柳如）

让世界不同

一位到以色列特拉维夫市观光的美国游客步入久负盛名的曼恩礼堂，欣赏以色列交响乐团演奏的音乐会。礼堂独特的建筑风格、入口处的拱形线条、现代化的舞台装饰令他惊叹不已。他不禁问身边的朋友，这个礼堂是否以德国著名作家托马斯·曼恩命名，因其在1929年获得诺贝尔文学奖而闻名于世。

"不，"朋友回答，"它是以美国费城的弗雷德·曼恩命名的。"
"真的吗？可我在美国从未听说过他。他写过哪些作品？"游客问。
"《一张支票》。"游客茫然地摇了摇头。

虽然弗雷德·曼恩没什么名气，但对于到特拉维夫听音乐会的观众来说，他就是英雄，所以礼堂以其命名。长期以来，"名人"与"英雄"经常会被混为一谈，但美国前橄榄球教练、电视解说员卢·霍兹却深有体会："我曾处于事业巅峰，也曾跌入谷底。第一年我在阿肯色州带领球队赢得了'橙碗'奖杯，每个人都高呼爱我，甚至把我列入了阿肯色州名人堂，并发行了纪念海报。可下一年，我们输给了得克萨斯州后，他们不得不撤走了我的海报，因为不断有人往上面吐痰。"

其实名气稍纵即逝，名人来去匆匆，恍如过客，但英雄却能持恒久远。一些名人远达不到英雄的称号，也有众多英雄并非远近驰名。但知名与否，英雄皆有其共性——他们总能使这个世界有所不同。

肯尼亚跑步运动员基普乔治·肯诺忍受着胆囊感染的折磨，赢得了1968年奥运会1500米比赛的金牌，打破了奥运会田径项目中冠军一直由白人称雄的局面，并在此后的奥运会比赛中又摘夺一块金牌和两枚银牌，后来，他被肯尼亚选为国家奥运会代表队的跑步教练，在他的指导下，肯尼亚跑步选手在世界体坛声名鹊起。基普乔治·肯诺是一位杰出的运动员，在世界跑步领域名声显赫，他的成就足以让肯尼亚甚至世界记住他，为他庆祝。然而，这些还只能让他成为"名人"，真正令其荣膺"英雄"美誉的，是他鲜为人知的另一面。

除了照顾自己的家庭和七个孩子，肯诺和他的妻子菲利斯还维持着一家孤儿院，收容抚养了数百名亟须家庭温暖的孩子。在那里，每个孩子都能享受到家人般的照顾和对待。最近，肯诺刚在肯尼亚的埃尔多雷特镇建起了一所开设有小学和中学课程的学校，给孩子们一个也许只有青年人才能拥有的重要礼物——机会。

千万不要误会，肯诺并非百万富翁，他这样评价自己所做的一切："我觉得自己很幸运，对我来说，现在最重要的是如何用我所拥有的一切去帮助别人。"是的，即使这种帮助很小，哪怕这种力量微不足道。美国名人本·斯坦也说过："我认识到，为帮助别人而活着，是值得认真生活的唯一理由。"

何谓英雄？答案千百。要成为英雄，你不一定要盛名在外，也不一定要从失火的大楼中救出被困儿童，甚至奋不顾身地扑在手榴弹上。真正的英雄并非总是很出名，也许他没有星光闪耀，但他们热心，甚至到了痴迷的程度，他们活着就是为了去帮助别人……在这个时代，他们所做的总会令世界有所不同。或许，你从未想过自己会成为英雄，但事实上，你可以做到。

（练培冬　编译）

做自己的知己

　　知己，不是一般的朋友，而是最亲密、最了解、最赏识自己、最值得珍惜的朋友。但人生难得一知己，千古知音最难觅。

　　古往今来，人们都把得到知己作为一种幸事。管仲说："生我的是父母，了解我的人可是鲍叔牙呀！"鲁迅曾书赠瞿秋白一幅立轴："人生得一知己足矣，斯世当以同怀视之。"冰心在给巴金的信中写道："人生得一知己足矣！"

　　古往今来，人们都把得不到知己作为一种憾事。于是不少人感叹："相识满天下，知音能几人？"

　　作家三毛，对知已有独到的见解。她说，知音，能有一个已经很好了，不必太多。如果实在一个也没有，那么还有自己。好好对待自己，自己，也是一个朋友。她的话可以用几个字来概括，即做自己的知己。

　　人们常常注重在外界寻找知己，却常常忽略甚至完全忘记应该做自己的知己。其实，能不能找到知己，并不全由自己说了算；能不能做自己的知己，则全由自己说了算。比较而言，人生十分要紧的事情，不是立足于他助，而是立足于自助；不是找自己的知己，而是做自己的知己。

做自己的知己，在这方面，有许多行之有效的具体做法值得借鉴。

比如曾子的"吾日三省我身"，就是做自己知己的具体方法之一。他说："我每天必定用三件事反省自己，即替人谋事有没有不尽心尽力的地方？与朋友交往是不是有不诚信之处？师长传授的学问有没有复习？"

比如美国发明家富兰克林的"每日十三条生活准则"，就是做自己知己的具体办法之一。其具体内容是：1. 节制——食不过饱，饮不过量。2. 寡言——除对别人或自己有益的话之外，不多说话，避免对人说空话。3. 秩序——用过的东西归还原处，做事情井然有序。4. 果断——该做的事，坚决执行；决定履行的，务必完成。5. 节约——不乱花钱，切戒浪费。6. 勤奋——不浪费时间，经常从事有意义的事情。7. 诚实——不欺诈，心地坦白，言行一致。8. 公正——不侵害别人，不因自己的失职而使人遭受损失。9. 中庸——避免极端，贵人从宽。10. 整洁——身体、衣服以及居住的地方，保持整洁。11. 沉着——遇事不慌乱。12. 贞洁——端正言行，不损害自己的或别人的声誉。13. 谦虚——学习先哲的谦逊精神。他每天临睡前，总要对照"每日的十三条生活准则"逐条检查自己的思想与言行。

再比如陶行知的"每日四问"，也是做自己知己的具体方法之一。其具体内容是：第一问：我的身体有没有进步？第二问：我的学问有没有进步？第三问：我的工作有没有进步？第四问：我的道德有没有进步？

做自己的知己，不是自私、自恋、自闭，不是拒绝他人为朋友、为知己，而是由衷地接纳自己、爱惜自己、欣赏自己、提升自己、超越自己、立足于自己、做最好的自己。只有先做好自己的知己，才能做好他人的知己，也才能有更多的机会得到真正的知己。退一步说，即使没有得到知己，也不会孤独，不会空虚。反之，如果不做好自己的知己，即使朋友遍天下，那也只是表面的热闹而已。

（蒋光宇）

如何正确发挥你的最大实力

简·米勒27岁时，在中西部一家咨询公司负责监管20名雇员。像许多雄心勃勃的年轻人一样，她认为在管理层拥有一个职位，是唯一的成功之路。米勒说："在企业界，人们认为如不从事管理工作，就没有成功可言。他们落入了攀爬阶梯的陷阱。"

尽管米勒在这个阶梯上已经爬到了较高的层次，可她感到并不满意。因此，她放弃了管理工作，在该公司当了一名咨询员。与顾客一对一地工作，这给了她一种成就感。10年过后，她依然觉得当初的决定是正确的。

在一家国际研究及咨询公司盖洛普公司，我们通过对250000名不同专业人员——售货员、经理、教师、医生、飞行员、运动员进行研究后得出结论：人们只有在利用自己的实力从事各项活动时，才能取得最高成就。虽然这个道理听起来浅显明了，但却很少被人们应用。

我们的经验表明，人们不应刻意纠正自己的弱点，而应把精力集中在自己的专长上。试图弥补所有的弱点，将是对精力的巨大浪费。这里是有利于你施展天赋能力的几点忠告：一种时尚。然而，大多数人毕竟还是在施展多重实力，其结果只能是成绩平平。斯坦福大学心理学家刘易斯·特曼，从1921年就开始对1440名具有天才智商水平的儿童进行终生研究，特曼退休后，别人又继续他的工作。最终的研究资料表明，超常智力并不能保证取得非凡成就。事实上，事业上取得突出成就者与成绩平庸者的区别，在于前者把精力集中在了他们乐意终生从事的工作上，这一点似乎是确定无疑的。

注重实力的日常运用

乡村音乐协会1990年度最佳男歌手克林特·布莱克，始终知道自己是个歌唱家，即使在他当一名钢铁工人的时候。但他并不凭想当然对待自己的未来。他知道，只有抓住一切机会，尽情施展自己的实力——在俱乐部，在走廊里，在教堂的礼拜仪式上演唱，才能使他的歌喉得到提高。通过努力，他形成了自己的独特风格，吸引了一大批追随者。

本杰明·布卢姆和芝加哥大学的一个研究小组，分析了一些钢琴家、雕塑家、数学研究家、精神病学家、奥林匹克游泳冠军和网球冠军的职业生涯，确定这些人是如何取得卓越成就的。通过评价6次钢琴大赛——包括柴可夫斯基国际钢琴比赛中的参与者，他们发现，这些音乐家从开始学习钢琴课到赢得大奖赛，平均经过了17.1年的刻苦练习。

日常实践，不仅对于磨炼闯入某一领域所需要的实力必不可少，也是成功者攀登顶峰的行为准则。两届美国网球公开赛获胜者柯蒂斯·斯特兰奇，除了坚持例行的体能训练，每天还要额外击打几百次高尔夫球。

世界级的运动员、音乐家和作家们懂得，单靠天才不能确保成功。最优异的成绩是长期完全投入、刻苦努力和留心体会启示的结果。"如果不是感觉良好，那么你所发挥的就不是实力。"

学会扬长避短

人们爱犯的大错误之一，就是认为必须先纠正弱点，然后才能施展他们的才华。其实，你应当只有在它降低你的工作效率或自尊心时，再着手解决问题。用这种办法对付弱点，你就可以让实力压倒它们，最终使其靠边站。

在描写文斯·隆巴迪的传记文学《文斯》中，作者迈克尔·奥布赖恩指出，这位传奇式的绿色海湾足球队的教练，认识到了不让队员总是盯着自己弱点的重要性。在一场同主要对手底特律雄狮队的比赛前，隆巴迪只放映了先前与滚队比赛获胜时使用战术的影片。这样，他的球队在场上就可能更有信心。

想想这个道理吧，什么时候你最有信心？是想到成功的时候，还是想到失败的时候？人们总是在内心明确想到成功时更加坚强。

寻找合适伙伴

有些实力，只有在别人配合下才能充分显示出来。杰里·刘易斯（美国喜剧电影演员，后从事制片）在他的自传中回忆说，年轻时作为一名在小俱乐部演出的喜剧演员，他的滑稽剧只是小有名气。一天，一名俱乐部歌手因故没能演出，刘易斯推荐了一个名叫迪安·马丁的朋友来顶替。因为刘易斯告诉俱乐部主人，他和马丁一起搞过喜剧巡回演出，于是两人被迫合演起一出戏来。没过几天，这对搭档就去了大西洋城为热情的观众演出。后来，他们联手合作的第一部影片《我的朋友依尔玛》一炮打响。此后，迪安·马丁与杰里·刘易斯继续合作，成为电影史上最成功的一对喜剧搭档。

其他相互配合的著名例子不胜枚举：赖特兄弟，罗杰斯与哈默斯坦，弗雷德·阿斯泰与琴吉·罗杰斯。其结果可能会奇妙得不可思议，如果没有相互配合，要实现目标将是不可能的。

借助于支持

斯蒂芬·坎奈尔是个多产的电视剧作家和制片人。自从1980年他成立工作室以来，已经推出了20多部在黄金时间播出的系列剧。写作是坎奈尔的实力，但不幸的是，他有个诵读困难的弱点——一种导致他常常让数字和字母错位的毛病。

"我不善于拼写和排序，"他解释说，"上中学时，这些玩意就让我很挠头。"然而，坎奈尔并不设法改正终身的毛病，而是自己打出原稿，再让一名助手帮助润色。

人人都需要这样或那样的支持，它可能简单到需要一副眼镜来纠正低弱的视力，或者如果一位总经理开车特别爱出事故，就可能让一名大学生送他去出席会议。

某计算机公司的一位女销售员很善于同顾客打交道，但她发现自己一遇到书面工作就打怵。"每当我看见书面的东西，比如同顾客会谈的报告、费用账目，甚至我的支票，我都会感到紧张不安。"她说。

我们估计，如果雇个人为她写报告，而她自己全力以赴搞推销的话，其工作效率将会提高30%。如果她纠缠自己不擅长的那些工作，她就会受到自己弱点的羁绊。

如此说来，难道不该设法解决自己的问题吗？当然不是。但是有时必须确定，你的努力是否富有成效。如果没有，那就该停下来，把这份精力用到你所擅长的事情上去。

迪洛丝·考尔卡格诺担任咨询担保公司的职业培训部副主任时，将这一思想应用到了公司的雇用和管理工作当中。考尔卡格诺说："我们把焦点关注在他或她的实力上。我们不让喜欢冒昧打电话推销商品的男人去办理现有的交易，也不让喜欢从事购销权贸易的女人去推销年金享受权。"考尔卡格诺对这一点很重视，她说："如果不注重实力，你非吃败仗不可。"

（梁庆春　编译）

业精于"转"

> 一个人必须把他的全部力量用于努力改善自身，而不能把他的力量浪费在任何别的事情上。
>
> ——托尔斯泰

人贵有自知之明，但人并不是一呱呱落地就知道"干什么，怎么干"是最适合于自己的，人在碰壁与摔跤中才清楚自己的能量与事业方向，"业精于勤"不错，但路敷不对，事倍功半或劳而无获的现象并不少见，所以，人要不断度量自己，顺其所长，不断寻求并适应新的转移。这姑且叫作业精于"转"。

"皮尔·卡丹"的名字似乎总是与时装业联系在一起。殊不知，他一开始是涉足于剧院业经营的。尽管他雄心勃勃、费尽了心血，剧院业却终告失败。但在剧院经营过程中，他发现自己对舞台服饰有着独特的审美能力，演员一上场，他就能敏锐地感觉出服饰得体和欠妥之处。所以，从1950年开始，他毅然决然地把投资和精力转向了戏剧服装。到1959年，他的巴黎戏剧服装公司便脱颖而出，他亦成为第一流的服装设计师。试想，如果他仍沉湎于剧院经营，那世界上肯定会少了一个优秀的时装大师而多了一个"剧院经营破产者"。

这，正应验了中国一句古语：骏马能历险，犁田不如牛，坚车能载重，渡河不如舟。现实生活中不可能处处有"伯乐"，难免被"拉郎配"，或者被张冠李戴，毛阿敏当初被招去做了挡车工，崔健被分配做小号手，成方圆被选为二胡演奏员，朱逢博去同济大学学了建筑，他们如仍被囿于原来那一隅，怎么可能成为风靡全国的歌星和歌唱家呢？所以，只有我们自己，才是自己才干的主使者和支配者。我们不必要"在一棵树上吊死"，你是"骏马"，就要向草原奔驰，你是"诸葛亮"，就可以运筹帷幄，而不必去肉搏战场……但是，人是个乐于享受和满足的动物，"小富即安""小胜即满"又往往会掩盖更多的潜能，更多的雄才大略，人，认识自己既容易又困难，正打可能会正着，歪打也可能正着。在初尝甜果的时候，在人们欢呼羡慕的时候，我们仍然要保持清醒的头脑，面壁思量，自己是否还可以再一次实现新的飞跃，转向更辉煌的领地？

皮尔·卡丹就是这样去做的。当他的服装以样式新奇、做工精细、质地华贵而稳居霸位时，他毅然聚集雄厚的实力——3亿多美元的资产，转向餐食业。因为，他作为老板在携带各式服装去打开世界各国市场时，他对各国的餐食领略得也颇为深切，既有比较又有鉴别，加上他有经营剧院失败的教训和经验（餐厅和剧院在管理上

具有相通之处），他有信心闯进餐食业。所以，当他1979年开始经营
巴黎玛克西姆餐厅后，便一发而不可收，仅3年时间，他便在欧洲、
亚洲和美洲拥有20000多家有影响的分店，成为世界上知名度最高的
餐厅经营大师之一。

皮尔·卡丹的成功似乎带有某种偶然性，但却也在情理之中，
因为，"推陈出新""优势积累战略"本身就是我们常挂在嘴边的打
仗时，我们有"战略转移"和"变阻击战为运动战"一说，在选择
自己独立不羁、一泻千里的奋斗目标时，又何尝不可在腾越的旋转
中去谋求"螺旋式上升"呢？

中国有句古话，叫"有心栽花花不开，无心插柳柳成荫"，我们
可以从有心转往无心。安徒生一生刻意写作剧本和长篇小说并视此
为大树，但无意间他走进了童话创作，于是创作出了许多曾被他视
为"小花小草"的童话佳作，而正是这种转变使他有机会获得文坛
上不朽的地位。再如笛福，一生经商，到60岁仍无成就，经商过程
中他曾被无情地推上了一个孤岛，差一点送了命，这使他刻骨铭心，
他发誓不再做商人。抑郁中，他有感而发，遂将自己的亲身经历，
写成了长篇小说《鲁滨逊漂流记》，不料一举成名，使他永垂史册。
就是皮尔·卡丹，他的对服装的兴趣也只是在经营剧院时无意中感
觉和萌生的。可见，在一时一地一行一域的失败和摔跌并不可怕，
可怕的是不知道自己下一步该转往何处去，怎么在大同中求小异，
在小异中求大为。事物在矛盾运动中可以有所上升的法则和皮尔·

卡丹等大师的经验本身就表明：人生的航船不可能笔直地驶向成功的海洋，它需要我们不断地转舵，迂回驶向一个又一个新里程！

生活中一个永久的主题就是"变"。

（孔章圣）

要无条件地喜欢自己

上大学的时候，同室一女友在其镜子后面写着一句话："要无条件地喜欢自己"，看后令人精神为之一振。

细想想，此话不无道理，它包含着深深的人生哲理。

我们都知道，每个人的相貌、体型都是父母给的，有的天生丽质，相貌堂堂；有的生来相貌平平，甚至有些"对不起观众"。这些我们都没法改变。于是就有人哀叹：上帝真是太不公平啊！于是就有人郁郁寡欢，破罐子破摔，自暴自弃，碌碌无为。

其实，我们应该为自己高兴，因为我们的个子最适合自己，我们的相貌为自己所独有，我们的身体状况即使不佳，即使有残，那也无碍我们内心的自尊与自爱。丑不是错，外表是天然赋予的。既然现实已无法改变，既然我们已来到这个世界上，我们就要无条件地喜欢自己；既然我们无力改变那生成的骨头长成的肉，我们就要正视自己，承认自己的缺陷。我们可以在其他方面充实、提高自己，以其他方面的优势来掩盖相貌上的劣势。

我那位大学时的室友，她本人也是一个其貌不扬的"丑小鸭"，黑黑的胖脸蛋，长得虎背熊腰的，显不出一点女人的窈窕，更没有女人的俊美。但她从不因此而看低了自己，因为她有她的优势：开朗、活泼、聪明、刻苦、幽默……学习上不让须眉，一等奖学金非她莫属，大学毕业时以优秀的成绩考上了南京大学历史系研究生，让男孩子们刮目相看。更让大伙儿佩服的是她对人生之态度。她明知自己是个"丑女孩"，但她却时不时地喜欢拿自己的缺点幽他一默，让人忍俊不禁。且看一例：

一天晚饭后，该室友看《参考消息》，一则消息说美国政府歧视黑人，用黑人婴儿做麻疹疫苗实验，正愤愤然，抨击美国政府的种族歧视，另一同学拿一毛巾进门，说过几天的晚会游戏节目就用此毛巾蒙住眼睛，问行不行，边说边用毛巾捂住室友的眼睛，看合不合适。室友顿时夸张地大叫："刚才还说美国政府歧视黑人，现在马上就拿黑人做实验了！"引起众人捧腹大笑。

由此我想，人长得不漂亮并不要紧，关键是要正视自己。像我那室友能拿自己的缺点来开玩笑，这是何等潇洒的人生！这样一来，别人倒不觉得那个缺点有什么丑陋，反倒觉得这个人挺俏皮、挺幽默、挺可亲可敬呢！

所以，一个人的魅力并不在有漂亮、潇洒的外表，而在要有内在的气质、内在的潇洒，因为外貌的美是不长久的。歌德说得好："严格说来，美人只是在一刹那间才是美的，当这一刹那间过去以后，她就不再算得上美人了。"是的，再美貌的女子，也无法牵住逝去的岁月，使红颜不老。而内在的魅力，却将随着岁月的增加、心灵的日益净化，而愈加显示出它的光华，受到人们的敬仰。这使我想起了托尔斯泰的一句话："人并不是因为美丽而可爱，而是因为可爱而美丽。"

无论如何，我们都要无条件地喜欢自己，不断地充实、丰富、提高自己。

（罗艳琴）

顺着你的心灵飞

"人生到处知何似，应似飞鸿踏雪泥。泥上偶然留指爪，鸿飞何复计东西。"诗人的灵魂就像飞鸿，它不会眷恋自己留在泥上的指爪，它的唯一使命就是飞，自由自在地飞翔在美的国度里。

想起那个"质本洁来还洁去"的绛珠仙子。她想飞，飞离现实的苦海，飞到三生石畔的完美世界。她的心不属于淮扬的小巷，不属于金陵监察御史的那个幽深的宅院，更不属于那个风凄露冷的潇湘馆。"偷得梨蕊三分白，借得梅花一缕魂。"她注定是遗世独立的精灵，有着无法融入世俗的超脱与骄傲。她是想飞的，却一直飞得很辛苦，付出了自己一生的光阴。

想起那个"好风凭借力，送我上青云"的蘅芜君。这个渴望将荣华富贵甚至是自己的婚姻作为自飞升倚靠的女人，将自己的一生送给了仰望。她的循规蹈矩，她的圆滑处世，她对宝玉考取功名的强烈渴望，不过是依附了自己未来飞黄腾达的赌注。只是独守空房，红消香断又有谁怜？"胭脂洗出秋阶影，冰雪招来露彻魂。"她埋葬了自己的青春，也掩埋了别人的幸福，只为替成功找一块垫脚石。

她是想飞的，却一直飞得很孤独，黯淡了自己的本心。

想起李商隐的诗：嫦娥应悔偷灵药，碧海青天夜夜心。在他心中，金碧辉煌的广寒宫不过只是浮华一梦，比不上飞翔的自由。是啊，人若不自在，莫不如轻笑一声飞到天外。可是飞翔太晚，追求自由的心灵有太多的羁绊。凄凉宝剑篇，羁泊欲穷年。换作他人，早已被一生跌宕粉碎了倔强。然而，他没有。庄生晓梦迷蝴蝶，望帝春心托杜鹃。这是对人生多么深刻的解读。他距离我们有几百年的岁月，时间在我们之间划起一道银河，然而在河的对岸，我却清楚地看到他飞翔的羽翼。

也许，在生命的最初，我们都拥有翅膀。可为了融入无奈的现实，绝大多数人折断了翅膀，甚至是在不知不觉中。

筱敏曾说，人的伟大，是因为生命中横亘着一条无法逾越的河，此岸是沉沦的现实和彻底的绝望，而彼岸是飞升的理想和触摸未来的强烈热情。没有桥，也不可能有桥。然而，人终其一生试图要筑一座桥。他们挽住生命的两极，接受命运的击打，承受身心的分裂。

此岸和彼岸的时空距离，其实只是心中的妄念罢了。只有当妄念和欲望进入时，时间的空隙才出现。如果认清了这一点，此岸即是彼岸。世间万物都是生存链条上的一环，底层有底层的烦恼，高端有高端的悲凉。最终遗世独立的圣贤少之又少，芸芸众生还是活在充满俗欲的世界里，或是津津乐道，或是欲罢不能。或许我们常常想"飞"，是因为我们深切地明白我们被现实折断了翅膀，无法飞翔。因此只有通过念想，去渡过那摆渡着岁月的河流。

华兹华斯说过，最微小的花朵对于我，都能激起非泪水所能表现的深思。我曾一度惊叹这种至高纯粹的境界。拥有这样的勇气和智慧，我们才能在生命的"出"与"入"之间达到一种动态的平衡。在内心深处，将念想化为飞翔的动力。从而不卑微任何一种渺小，不仰仗任何一种伟大，在心里常存一只猛虎在细嗅蔷薇。

相信历经沧海桑田，终得返璞归真。在命运的网中，我们都是想飞的蝴蝶，顺着你的心灵飞吧。

（刘悦）

自立不需要借口

父亲是身家不菲的建筑商，爷爷去世时给她留下了一套房子和一大笔现金，但王俊乔却不让父亲和爷爷替自己上学"买单"，这个扬州大学文学院大一新生硬是要自己贷款上大学，并且自己打工挣生活费。这个从小喜爱并练习武术的"90后"小女生极具"个性"的做法，在同学中引起不小的轰动。当人们问起原因时，王俊乔的回答很简单："不靠家人靠自己！"

19岁的王俊乔，来自徐州邳州市。7岁时，父母因感情不和离婚，王俊乔的童年少了一些快乐。法院把她判给父亲，因为父亲忙于生意，她主要与爷爷一起生活。性格倔强、开朗好动的小王从小喜欢看电视里的武打片，李小龙是她最喜欢的武打明星。跟别的小孩不同，王俊乔看完之后喜欢回忆电视里的动作，再照着练习，经常一练就是几个小时，慢慢地就掌握了不少武术动作。父亲看到王俊乔如此痴迷武术，就商量着把她送到武校，不仅可以强身健体，还可以防身。

2000年暑假，王俊乔进入山东省台儿庄新世纪武校学习。进武校后，小俊乔一直以"假小子"示人，"3岁时剃的光头，头发一直没让它长到可以扎辫子，穿裙子是根本没有想过的事情，平时时间都花在训练上了。"短短几年，王俊乔在山东、香港、澳门以及韩国等地习武表演，赢得过三十多个奖牌。从2008年起，王俊乔决定练武不放弃，但文化课更要迎头赶上。"一次父亲从外地回家，我跟他坐下来好好谈了一次，他也认为现在是知识的时代，没有文化在社会上寸步难行。"主意敲定后，王俊乔在山东临沂的一所中学插班读书。

小俊乔把"练武"的干劲用在了"补差"上，第一个学期期末考试，王俊乔最差的科目英语已经能在班级排上名次，中考时还考了101分（满分为120），其他功课也都相当不错。成绩的背后，是她付出的远远超过常人的汗水。因为用眼过度，以前从不戴眼镜的她不得不戴上了眼镜。

王俊乔说，和爷爷、奶奶在一起是最幸福的。童年的不幸以及习武的经历，让她变得更加坚强："不管遇到什么事情，我从来不会找人帮忙，都是自己解决。"王俊乔的父亲常年在外地做建筑生意，每次回家都会问女儿需要什么，她每次都回答什么也不缺，父亲给钱，她也会拒绝。

"来扬州上学，本来打算好一个人来报到，但爸爸一再要求开车送我到学校，最后也只好答应了。父亲临走的时候，给了我一笔钱，被我拒绝了。"王俊乔说，老爸在外挣钱很辛苦，自己习武练就的体质特别棒，完全可以自食其力，在学校或外面打工挣钱，不需要家人一分钱。"爷爷给我留了一套房子，还帮我准备了学费生活费，但我不会把房子卖掉，学费我申请了助学贷款，生活费我希望靠自己打工解决，爷爷留给我的钱我都存在卡里面，除非遇到特殊的事情，我不会动它。"王俊乔说。

在人们普遍对一些"富二代"纨绔行为不齿的今天，她的做法，获得了人们的赞许。

（陈咏）

创新，为了不受制于人

　　17岁时，御厨世家出身的他，便跟着饭店的掌勺师傅在后面打下手，负责择菜、洗菜和切菜。那是家四星级饭店，优势是他在那里上班不仅有保障还有编制，劣势是他的岗位编制就是打下手，一辈子也做不了厨师。

　　打了整整三年的下手，有一天，掌勺的师傅突然感冒了，咳嗽得厉害，不能再站在锅台前炒菜了。但偏偏这时饭店里的客人又多，都在等着菜吃，急得饭店经理和师傅团团转。见此情形，他对经理和师傅说，让我来试试吧。师傅很是惊讶，因为他从没教过他怎么炒菜，也从未看见过他炒菜，能行吗？

　　死马当活马医吧，经理表示同意，于是师傅便让他炒了。没想到，他炒出来的菜居然一点儿都不比师傅差，味道堪称绝美！师傅更加迷惑了，问他从哪学来的厨艺。他说，虽然师傅你没有手把手教过我，但是我天天就在你身边打下手，整整观察了你炒了三年的菜，早已记下了你日常炒菜的方法火候和放作料的先后顺序，还能炒不好吗！

经理和师傅听后都大为感动，这之后便把他调去掌勺了。几个月后，他便代表自己所在的酒店参加了当年的北京市厨师烹饪大赛，并且一举夺得金奖。

就在他顺风顺水，每个月都有着不菲的收入，外界都以为他会在饭店里一直掌勺下去的时候，他却在心里暗下了一个决定：40岁后一定不再炒菜。理由很简单，他不想像师傅那样一辈子都站在烟熏火燎的灶台前，仅仅只是个厨师！

他果真是想到做到，几年后，他便在众人的一片诧异声中辞了职。然后在北京的平安街上开了一家叫"二友聚"的小饭店，虽然饭店很小，只有四张桌，可每个月的收入都在一万元左右。在人人都不是很富裕的20世纪90年代，月月都是"万元户"，这让他感觉非常高兴和自豪。

可是，很快他就发现一个问题，那便是他每培养出来一个徒弟不久后，他们就会以各种理由作为借口离开"二友聚"，跳槽到薪水更高的饭店去干。徒弟一走，他便不得不重新招新徒弟，然后又手把手地教，可一旦教会又会走掉，如此反复。

教会了徒弟，累死了师傅。他痛彻心扉又无可奈何地认识到，如果一个饭店太仰仗于几名大厨，那么注定永远无法做大做强，因为这些大厨不但要的报酬高，拿走绝大部分利润，而且还常常拿腔作势，说走就走，得罪不起。这也是中式饭店为什么不能如肯德基、麦当劳那样做成连锁、形成规模效益的原因所在。于是，如何开一家没有厨师、不受大厨限制的餐厅，就成为他决心要解决的问题，他要将中餐像西式快餐一样实现标准化。

直到这个时候，他才想到自己的出身，于是赶紧从家里翻出了一本老祖宗留下的宫廷菜谱，很快有一种宫廷菜肴进入了他的视野——这种菜只需要事先配好祖传的秘方，然后再将秘方和食材一起放到电磁锅里加热焖上十几分钟，便可食用。其味道远胜过传统的炸或烧，不仅入口嫩滑，而且外形整齐、色泽好看。更让他高兴的是，根本无须解决让谁来做、在什么地方做的问题，只要按照制定好的比例放入食材和配料秘方，人人做出来的味道都是一样的。也就是说，这种菜肴易于标准化复制。

直觉告诉他，这就是他想要达到的效果。果然，这种焖出来的菜一经推出，便大受欢迎。如今，他在全国已经发展了二百多家连锁店，被业界誉为中式的"肯德基"。

不错，这家饭店的名字就叫"黄记煌三汁焖锅"——将配料和食材放在顾客面前的餐桌上焖，之后便能揭锅食用，透明卫生、健康味美。而他就是黄记煌三汁焖锅的掌门人黄耕！

做徒弟时认真观察师傅的炒菜技艺，当上大厨时又为自己的以后作好了规划。为了不受制于他人，又决心开一个不需要厨师的饭店。黄耕以自己的不满足和创新，打破了中餐由于依赖大厨无法标准化统一味道的瓶颈，实现了最终的自我掌控！

"如果你需要仰仗他人，那么就永远只能看别人的脸色行事、受制于人，唯有彻底突破传统，创造出一套全新的模式来，方能改变这一切。"黄耕如是说。

（牧徐徐）

聆听内心的声音

　　曾经很久不能明白，时光是如何奇怪，把我们从记忆中熟悉的地方，转眼放到如今的脚下，而在某个时候才能哑然于这种安排。

　　我不知内心是一种孤独还是执着，彷徨还是倔强。不独此时，一遍又一遍，内心想呐喊。多少次总听见内心有一个声音在倔强着，打碎了，又再倔强着。曾以为努力就可以不惧一切、收获自信，曾以为孤独可以站成一棵树，曾以为内心的执着可以凝成一种美丽。我愿听到这呐喊，我愿去继续坚信所有的努力与真诚。

　　可是我不明白，为何在此时的这般执着与冷寂之外，仍会有时时的犹豫与伤神；为何在这坚信寂寞孑然之外，仍会对他人投去羡慕的眼光；为何在自认诚心之时，仍会惧于别人的怀疑与漠然，我知道并不是努力就定能换来优秀，并不是真诚就定会赢得尊重，可是我仍会努力让执着与寂寞成为雪中苍松，而不会稍做懈怠让它被冷风吹成丑陋败枝。除了努力，我还坚信真诚与祝福，就如我不曾放弃过梦想，哪怕是在梦中，那远处连绵的青山延向天际，绿草伸向江边，或风笛琴声响做天籁，倩影真情化成传说。

走在空旷的地方，竟也觉得内心空旷。或许每个人都有这种心情的时候，在欢声散去、繁华暂消时，会在内心细细品味这宇宙、这天籁和难言的感怀，将往事浇做烈酒，一下子醍醐一般全出现于眼前，又将明天留待仰天的一望。但深信，除却为了明天而努力，更值得追求的，也更难以实现的，是他人的认可，是那种执着的心情，希望偶尔能有一个旧友或新知把你想起。

时而会在挂掉给家里的电话时感到沉重，意识到自己是需要经常警醒的；时而会在望着城市的霓虹灯时，感到亲切突然变成城市的冰冷与排斥；时而会想起在家，枕着漏下的雨水声入睡时的无奈和偶尔醒来时的无助之感；又会在无数次梦回远离的家乡时，感受到写在我们的血液里的乡村气息。

但是我知道，正是这些教会了我必要的沉重，告诉我审视自己的内心。纵然有过彷徨，有过自愧，在踏上明天的征程时，仍然不敢不思要无愧于心。我发现生命中最美好的东西永远不会消逝。偶然的一瞥，总能叫人重拾不灭的童心。我愿继续有一直的梦乡，在梦中坐在山头看一方无尽的山水，看那已看了无数遍却始终认为美丽的家乡，看那山廓枕着碧水、草原镶嵌着薰衣草的某个地方。有时思绪回到了小学或中学的时光，嬉笑中出现了几乎淡忘了的同学，或是在琅琅书声中传递着的橡皮……曾经漫不经心的时光此刻只想慢放。愿发黄的年代中，那些书写的美妙的祝福语句不灭，与千年不朽的古诗篇一样。

　　当然，我知道即使有时能把自己想象得很坚强，更多时候仍会在平常的生活中或悲观或惫懒。也许正因如此，才会有时畅想"万里江山来醉眼，九秋天地入吟魂"的惬意，有时又去体会"思牵今夜肠应直，雨冷香魂吊书客"的悲然：会想象"年少万兜鍪，坐断东南战未休"，又会止于"凌波不过横塘路，但目送，芳尘去"；会自勉"立锥莫笑无余地，万里江山笔下生"，又会自顾"自笑年来常送客，不知身是未归人"。

　　始终，我愿执着，头顶一方蓝天，脚踏一片实地。我相信这世界未曾老去，我执着于有自己的足音相随，我愿聆听内心的声音。

（刘榕）

找到自己

有必要认识两位古人。

一位叫公子札。是春秋时吴王寿梦的四儿子，照旧礼，我们尊他为季子。这一天，他奉命出使鲁国。途经徐国，受到徐国国君的款待。席间徐君看中了李子的佩剑，季子便有心将剑送给他作纪念。可是，这是出使前吴王赐给他作为吴国使节的一个信物，他到各诸侯国去必须带着它，作为使臣的象征。现在自己的出使任务还没有完成，还不能把剑送给别人。但他心里决定，回程时一定将宝剑献给徐君。

等到他出使回来，徐国国君已经死了。季子黯然长叹一声，当即，摘下佩带的宝剑，就要交给徐国继任的国君。随从的人纷纷劝阻说，不可以啊，这是吴国的国器，怎么可以随意赠给别人呢。

季子说，你们不知道，其实早在出使鲁国之前，我已经在心里把这把宝剑许给了徐君。如果仅仅是因为他死了，我就不把剑交出来，就是在欺骗自己的内心，因为吝啬一把宝剑，而去欺骗自己的内心，不是君子所做的。

　　然而，继任国君还是不敢接受季子的剑。季子为了兑现心中的诺言，竟然亲自跑到徐国国君的坟墓边，把剑挂在了坟前的松树上。

　　另一位，叫许衡，元朝人。许衡年轻的时候，曾因战争，随一伙人逃难到河阳这个地方。炎炎夏日，大家口渴难耐。恰好，路旁有一棵梨树。众人看到后，争先恐后地去攀摘，纷纷抢梨解渴，唯有许衡端坐在树下，不为所动。

　　大家都觉得纳闷，问他原因。许衡说，这梨子不是我的，我自然不去动。

　　人们听后，都笑了，说，世道这么乱，这树早已没有了主人，都什么时候了，还什么你的我的，赶紧摘个解解渴吧。

　　哪料，许衡说：梨树无主，难道我的心也没有主了吗？

　　好一个"我心有主"，好一个"不欺心"！这两个古人的故事，我不是一天读到的，然而，却给了我相同的感受：云波诡谲的世界，因为他们，而一下子变得天朗气清，一下子变得风烟俱净。

　　是啊，这个世界复杂，其实只是人心复杂；这个世界丑陋，其实只是人心险恶；这个世界阴暗，其实只是人心狡诈。所以，心是菩提，亦是魔障。一切皆由心生，一切皆随心动，一切皆附心往。

　　若当世之人，都可以像季子和许衡一样，先是不欺心，己心不欺，自可不欺人，不欺世；然后，我心有主，不媚俗，不阿附，不随波逐流，活出真自我。若是这样，那么这个世界将不再宕动、浮沉、喧嚣、迷乱，会一下子变得豁然开朗，一下子变得简单、明媚、澄澈。

其实，若真是做到不违心、不欺心地活着，我们一定会重新找到这个世界，并在这个世界里，找回迷失的自己。

（马德）

跟自己比

　　我们动不动就跟别人比，而且无所不比。比成绩、比结果、比地位、比职称、比权势、比财富，等等，不一而足。而结果无非有两种：一种是自己强于别人，一种是自己弱于别人。前者往往使我们变得愉悦、得意，甚至骄傲起来；后者往往使我们变得不快、郁闷，甚至燃起嫉恨之火。也就是说，不管哪种结果，都会让我们变得不平静，那颗平常心开始涌起波澜，原有的秩序、规则开始动摇。最可怕的是，在跟人比较中丢失自己。

　　范仲淹说："不以物喜，不以己悲。"如果总喜欢跟人比较，那么这种境界就很难达到。那么，我们到底该怎么做呢？在我看来，如果非要比较的话，那么就跟自己比吧。

　　桓公年轻时与殷侯齐名，所以常常怀有竞争之心。桓公问殷侯："你与我相比，如何？"殷侯回答说："我和自己打交道已经很久，宁愿做我。"这是《世说新语》中的一则故事。元代学者黄元瑜用殷侯的答语来命名他的亭子，叫作"我我亭"。看来，古人早已懂得把目光由外在事物转向自己的内心世界，即自我。换言之，从自己身上找"答案"不愧为明智的做法。因此，跟自己比，总算找对"对手"了。

女作家乔叶说："成长是一辈子的事情。"我很赞同这个观点。既然这样，那么每个人在不同时期的表现、行为、思想等就会有差别。去年的你跟今年的你、昨天的你跟今天的你、刚才的你跟现在的你……如果在它们之间用减法：那么结果往往不会是零，要么是负数，要么是正数，也就是说，你可能进步了或倒退了，更加成熟了或更加幼稚了，懂得宽容了或更加狭隘了，宠辱不惊了或更加浮躁了……因此，从这个意义上说，跟自己比是成长中不可或缺的一个环节。

看来，在成长中，我们不能总是前进，有必要时常停下来，想想自己的以前和现在，也就是要把"旧我"和"新我"比一比。如果"新我"名副其实地进步了，升级了，那么就要沿着脚下的路，一如既往地向前，朝更高的制高点出发；如果不是这样，那么就要总结、反省自己，寻找、分析"退步"的原因，目的是把今后的路走好，让自己取得进步和收获。

一个人的"旧我"和"新我"就像一枚硬币的两面。跟自己比，就是它们斗争的一个个过程。真战胜假、善战胜恶、美战胜丑、勤奋战胜懒惰、乐观战胜悲观、希望战胜绝望、高尚战胜猥琐……这应该是我们梦寐以求的结果。高尔基说："最伟大的胜利——战胜自己。"我们知道，世上美好的东西都不足轻而易举得到的。要想取得这样的"胜利",肯定要付出很多的艰辛。

　　一个人,只有变得更强大,更有力,更有爱心,才能去征服、帮助别人和世界,才能为自己、为别人、为世界增光添彩,否则,就会变得平庸,甚至被别人打败,被世界抛弃,变成一个不折不扣的废物。而前者就是跟自己比要达到的终极目标、

　　蒋勋先生在一次演讲中提到这样一件事情,有一次,他问一位学植物的朋友:"如果含笑的香味和百合的一样会怎样?"那位朋友告诉他:"那它就会被淘汰,因为它东施效颦,没有找到自己存在的理由。"看来,要想有声有色地活在这个世界上,就不能胡乱地、盲目地跟人比较、模仿他人,跟自己比,守住自我才是正道,也是王道。

(韩青)

做最优秀的自己

人们说风格是人，也说风格是树。雨后春笋，更多杂草，哪里去寻夏木浓荫处？哪里去寻最优秀的自己？

树有郁郁葱葱之美，有高山仰止之美，有萧瑟之美，有零落之美……当狂风呼啸、暴雨倾盆之时，狂风狞笑的面容席卷天空、肆虐大地，而此时，大树代表正义，挺起胸膛，顽强地与狂风搏斗。狂风用尽所有的力气按下大树高贵的头，压弯它粗壮的腰，但是大树奋力抗争，顽强勇敢，不屈不挠，也许大树已经找到了属于它的境界吧！

俗话说："一花一世界，一叶一菩提。"树有千万种，各有千秋。垂柳枝条柔软，体态婀娜，一派任东风梳弄的妩媚风韵，诗人说柳如烟；黄山松皆靠石壁，为了生存，不得已屈身向前伸出臂膀，生命的坎坷终被人赞赏；冰天雪地，白桦无寒意，回眸秋波，以迎稀客；四月天，北国的枣树依然光秃着乌黑、坚硬、弯曲的枝干，瘦骨嶙峋，傲视群芳。天南地北，有大多奇树，但是，唯有找到适合自己的位置，那才是树之上品啊！

草有娇柔之美、有柔弱之美、有不屈之美、有坚强之美……在狂风暴虐地叫嚣之时，大树下的一片浓郁青葱的小草，狂风根本不把它们放在眼里，任意地把它们揉来揉去，几乎要把它们撕成碎片、碾成粉末。小草在狂风中学会了弯腰与低头，即使在风中抖动，屈腰伏身，但它们骨子里是坚强不屈的！

一千个读者，就有一千个哈姆雷特。不同的人面对不同的事物，有不同的态度，在你眼中，你找到属于自己的优秀了吗？

一缕清香一份洒脱，做最优秀的自己，展示伟岸与高洁，那是陶潜的五斗诗魂。

一江春水一曲悲歌，做最优秀的自己，满载大江与汪洋，那是文天祥的绝唱。一页历史一面镜子，做最优秀的自己，昭示理性与忠贞，那是屈原的水中离骚。一份执着一份坚定，做最优秀的自己，承诺成功与希望，那是我们最美的笑颜。

朋友们，不论你是大树还是小草，也不论你是陶潜还是屈原，只做最优秀的自己便足够了。

（邹媛）

用心的送气工

　　他来自农村，穷困的家支撑着他考取了大学，学的是影视传媒专业。大学毕业后，因为没有门路，他连老家县城的电视台也进不了。后来，他一咬牙去了沿海城市当了一年多的"提提"，美其名曰导演助理，实际上就是被人呼来唤去的"男保姆"。每个月下来，所赚的钱，去了交房租和支付高额的生活费后，几乎所剩无几。遭遇金融危机后，那家影视机构也不景气，于是开始裁员。伴随着大量农民工返乡，他又回到了生活的起点。

　　前途一片昏暗，光明的大路在何处？在四处找工作的日子里，他不停地问自己：难道四年的大学就这样白读了？迫于生存的压力，大多数同学都已经被迫转行，他觉得好像没有一项工作适合自己。

　　彷徨迷惘中，一个老乡说煤气公司正在招人，只要体健有力气就成。完成基本指标，每月能拿到1500元。经过几番思想斗争，不想活活饿死的他最后报了名。经理很高兴，因为这是煤气公司招收的第一个大学生。经理还告诉他，送煤气不完全靠力气，更要靠心。业绩最好的一个小伙子，体质不是最棒的，但肯动脑筋，每月送气量是别人的两倍。有没有信心打破这个纪录?

头一个月,穿着黄马甲的他起得比谁都早,接到派送单后,载重自行车上装着四个煤气罐。有两个用户是同片小区,另外两个用户分属别地。

很久没有干这么重的体力活了。送完后,浑身散架似的他隐约感到派送这个环节不尽合理。

询问后,经理笑着说,多少年了都是这样安排的,接到用户电话当即派活,谁正好在就派谁去。为保证"及时",工人甚至没满载就出发了,可有时又多得送不完。

他冒出个想法,能不能仿照市交通显示图做个电脑软件,用户在的地方就有指示灯闪烁。在用户最集中的几个区域开着装好煤气罐的小货车来回巡逻。一收到要气的电话,马上以短信的形式自动转到货车工人的手机上,然后再用备好的自行车送至用户。而对于相对偏僻的地方,灵活安排人工。这样可以最大限度地利用公司的资源,提高效率。

经理眼前一亮,被他的想法说动了,觉得此建议不错,马上请专业人员设计出一套软件,花五万元安装了全套设备。经理请他负责这套软件的运作。后来经过不断改进,系统更加完善,平摊在每个工人身上的送气量上升了一倍,他们的工资也相对增加了,公司的效益由此大大增加。

他虽然没有创造个人送气量第一,但他用知识改变了一个企业的运营，创造了同行新的销售业绩，他也因此成了公司的中层干部。正如当初经理告诉他的一样，送气工仅有力气是不够的，用心才能改变命运。

（刘凌）

从你的烦恼里走出来

　　大街上流行一首歌《最近比较烦》，歌词是一连串的"最近比较烦，比较烦，比较烦……"这首歌得以流行，大概就在于它正合了某些人的情绪。是啊，谁没有烦恼呢？你随便问问身边的人，他都可以给你说出一连串来，让你也不能不为他的烦恼而烦恼。

　　其实，烦恼并不奇怪，它几乎伴随生命的全过程：少年时对人生问题的百思不解，青年对人生方向的迷茫困惑，老年对人生目标的力不从心……还有不可尽数的人生细节、生活琐事都可成为烦恼。可以说，烦恼左右着一个人的精神生活和情感世界。

　　有欲望就有烦恼，尤其是血气方刚的年轻人，怎么可能无欲无求？自然就会烦恼重重了：工作烦、学习烦、感情烦、人际关系烦……君不见，周围有多少人常常因烦恼而感伤人生之累；因烦恼而慨叹人生短促；因烦恼而抛弃可贵的人生目标；甚至有人因烦恼而放弃了生命。烦恼当然会有原因，但面对一样的情境，烦不烦，却在于你的心态。心理学家里查德·卡尔森说："烦恼百分之八十是自找的。"那么，怎样才能尽可能摆脱烦恼的纠缠，保持一颗愉快、向上的心？

　　反省一下人生我们会发现，烦恼很大一部分是因为追逐名、追逐利而产生的。诚然，我们不能否定人生应有所追求，追求事业的成功，追求名，追求利，都是无可非议的，但要想少一些烦恼，不妨——

1. 面对名利保持一颗淡泊之心

　　老子说，若想不烦恼，做人要"复归于婴儿"。他的意思是要我们抛弃一切后天形成的人生杂念，回归到生命之初的纯洁境界，才可以谈人生境界，人生智慧，才可以品悟自然与生命的博大。

　　人赤条条来到这个世界，便进入了一张欲望、诱惑之网：官位、名誉、财产、身价……人们为了这些身外之物殚精竭虑，用尽心思。庄子曾慨叹：生命有涯，而所追求的欲望没有穷尽，用有限的生命去追求无限的欲望，会累死的。其言不免太过消极，却也有值得我们深思的地方。

　　孔子曾带着自己的得意门生，站在奔腾不息的大河边说：逝者如斯夫，不舍昼夜。我们只拥有很有限的一段生命，一些欲望可为生活增添美的色彩；而太多太多的欲望只会增添生活的负担与沉重。

　　追求成功、名利，这是一种意志、智慧与信念，人人都应该有；但如何看待名利，却是一种心境，一种修养。

　　以淡泊的心境看待名利，对已拥有的名利你不会太过紧张，生怕失去；即使选择的目标没有实现，名利与你擦肩而过，你也不会太过伤感，因为只要付出过，你至少觉得对得起自己。年轻人应该有这样一种情怀。

也许你会说，我对名利是看得很淡泊，但成功对我很重要，这是我价值的体现。我不能容忍自己太多的过失，太多的不成功，这种烦恼怎么办？有一则关于车轮的故事，很感人，对大家也许有所启示。

有一只木车轮因为缺了一角而闷闷不乐，它下决心要寻找一块合适的木片使自己完整起来，于是离家开始了长途跋涉。不完整的车轮走得很慢，一路上，阳光柔和，风儿轻轻，它认识了各种美丽的花朵，并与草叶间的小虫交谈；当然也看到许许多多的木片，可都不是自己想要的。终于有一天，车轮发现了一块大小形状都非常适合的木片，于是马上将自己修补得完好如初。可是，欣喜若狂的轮子忽然发现，眼前的世界变了，自己跑得那么快，根本看不清花儿美丽的笑脸，也听不清小虫悦耳的鸣叫，车轮停下来想了想，又把木片留在路边，慢慢地上路了。

由此让我想到：现实生活中，我们总是追求尽善尽美，认为这样才能获得别人的好感，才能满足自己的自尊心。但也许有一天，你真的认为自己做到尽善尽美的时候，你会发现，周围的世界并不像你想象的那么可爱、美好。所以，要摆脱烦恼，就应该——

2. 不必事事苛求完美

我们可以做一个假设：假设在你美好的理想中，今年应做五件事，如果都做好了，就算完美。但如果你做好了四件，失败了一件，你会怎样呢？

我们很可能看不到那四件成功带来的喜悦，而只是耿耿于怀那一件事的失败。其实，这又何必呢？我们倒不如做一只缺角的木车轮，在不完整中体会一种精神世界的完整。

3. 懂得去欣赏生活琐事中的缺憾

日常生活中，我们常常为一些琐事而心烦，没有好心情：刚买的一本新书，回到家来才发现缺了几十页；洁白的衬衫上滴了一滴墨水；兴致勃勃地邀请朋友吃饭，发现汤里有一只苍蝇；上街购物时，被小偷扒了钱包，虽只有几十块钱……这些事虽小，但有可能破坏你一整天的心情，而且你的烦恼、气愤根本就挽回不了什么。这时，不如换个角度，换种心情，用欣赏的眼光来看待，也许你会觉得，事情并没有那么糟糕，值得你这样大动肝火。

有一位年轻而贫穷的母亲，当她的孩子两岁时，便要学着自己吃饭，而且一定要用家里那套最珍贵的细瓷碗。第一次吃饭，就打碎了一只，做母亲的很生气，正想打孩子，可转念一想，难道一只碗比孩子的成长还重要？于是她平静下来，把那只碗细心地粘好，

— 111 —

收藏起来。以后孩子在成长过程中损坏、用过的一些东西，她都好好收藏，每一件东西都是一个动人的故事。后来，她的孩子在战场上牺牲了，在她老年孤独的生活中，唯一能带来愉快的就是这一大箱别人看来是破烂的东西了。

我想，那位母亲就是一个懂得欣赏生活、欣赏缺憾的人。许多做母亲的不能像她那样，也就体会不到孩子成长带来的那份喜悦。

其实，欣赏生活琐事带来的缺憾，将它变成一种快乐，或至少淡化处理，并不是很难的事情。有诗云"横看成岭侧成峰"，哲学里讲辩证思维，都说明任何事情都有两面性，坏事可变好事，好事可变坏事。塞翁失马，不正是这样吗？对生活缺憾的不同态度会造成的不同结果，叔本华说："生活的幸福与困厄，不在于降临的事情本身是苦是乐，而要看我们如何面对这些事。"

以上这些烦恼可以说是外在的不顺在人内心投下的阴影。还有一些烦恼是真正来源于自身的，来源于自身的缺陷，带给自己一种深深的失望。这就要求我们——

4．了解自己，悦纳自己

人人都会有缺陷：生理上的，心理上的，能力上的，性格上的，这是非常简单的道理。但是，有很多人却终日为自己某些缺陷而闷闷不乐，烦恼重重。其实，这完全没有必要。大千世界，你可曾见过几个完人？诚然，我们每一个人都期望自己才貌双全、家境富有、一生快乐。但是上天不会让你如此称心的。如果只让你挑选其一，你会选择什么呢？我想大多数人会选择一生快乐。

每一个人都应该了解自己，客观地评价自己的长处和短处，对自己的优点产生自尊、自信，并努力展示出来，对自己的短处能坦然面对并积极设法克服或补救；对于无法补救的缺陷如身材、相貌等能泰然处之，不以为耻。特别是身处逆境时，能悦纳、宽容自己，减轻心理压力，让身心获得自由，从而自信地走向生活。

有人说，对于自身的缺陷，我能坦然处之；但我不能忍受别人的指指点点，冷嘲热讽。

正是这样，这个世界上的每一个人都会去评价别人，也被别人评价。肯定的评价让我们自尊心得到满足；否定的评价让我们烦恼不安，对自己不满，失去信心。

但丁说："走自己的路，让别人去说吧！"说起来很轻巧，做起来却一点也不容易。否则这个世界就不会有流言蜚语了。

5. 不在乎别人的评说

太在乎别人的评说，你就好像不是为自己活着，而是在为别人的评价而活，活得很累、很烦。

有一个初二的女孩子，活泼，可爱。但有一天，有同学随口说了句"你太胖了点，没有某某同学漂亮"，小女孩非常伤心，于是节食，每天只吃一个苹果和一杯牛奶，满心期望能够瘦下来。这时又有同学对她说"你再节食也没有用，你妈妈那么胖，你一定是你妈妈遗传的"。小女孩听了，烦恼透顶。她不再开朗活泼了，对学习也没有兴趣。而且，她认为自己的不幸是妈妈造成的，她从心里恨死了妈妈，看见自己的妈妈就觉得她特别丑，特别厌烦。后来不得不去看心理医生，经过治疗，才慢慢好转。这就是过分在意别人的评说带来的后果。

对于别人的评说，我们并不是说一概不听，问题是要分清哪些是该接受的，哪些是可以一笑了之的，哪些是根本就不用理会的。试想，有了宽阔的胸怀、豁达的心胸，那么这个世界上还有什么东西可以让你烦恼呢？

（宁晓菊）

相信自己是赢家

你有没有发现，你如果期待坏事来临，事情就真的会变坏。我好像记得，每当我期待坏事来临时，我是永远不会失望的。我如果有足够时间等待的话，最后事情一定会变得像我想象中一样的糟。但我也同样发现同一原则反过来也是灵验的：每当我期待好运来临时，它们时常会来临的！我只要有足够的时间等候，也有足够的信心，不消多久，事情就会变得像我所希望的一样。

那么，怎样成为信念赢家呢？请你试试看，下面这五条规则可以提高你的"信念商数"。

一、肯定自己的能力

心理学上有一个名词叫"无用意识"，指一个人在某方面失败的次数太多，便自暴自弃地认为自己是个无用的人，从而停止了任何尝试。其实对于初涉人世的青年人来说，失败不仅不可避免，而且可能是家常便饭。这时候，最需要你肯定自己的能力，杜绝无用意识的腐蚀。肖峰是一名北京大学哲学系的毕业生。为了自己的理想，他没有回故乡去，而是滞留在北京，准备找份儿工作。历尽千辛万苦，他终于进入一家大型企业集团的宣传部。就在他对自己工作刚刚熟悉的时候，他所在的企业集团大减员，他在第一批被通知下岗之列。此时，离他报到上班只有39天。刚刚就业就下岗，使他感到现实太残酷了，和书本之间的跨度太大了。面对不得不接受的现实，他愤懑，但更多的是忧心忡忡、萎靡不振。

为什么要忧心忡忡呢？为什么要萎靡不振呢？身为著名高等学府的毕业生，你没有发现许多新的机会在向你招手吗？你可以一个个地去发现它们，再一个个地去尝试，直到发现最适合自己的那一个。既然一个要成就大业的人早晚都要经历磨难这一关，为什么不让它早些到来，从而赢得最可宝贵的时间呢？当你乐观地接受现实时，你就会发现，之所以失败，那是因为自己没有行动，没有找到自己的行动环境，没有选定自己的行动对象，一句话，没有发掘和表现自己聪明才智的实际作为。如果你肯定自己的能力，确立了自信，有了积极向上的信念，那你就会积极进取，充分发掘自己潜在的聪明才智，那么伟大对你来说也不过是机会而已，一旦有了机会，你也会成为伟人。

二、向确定的目标奋进

如果你立志要成功的话，就必须确定自己的视野，必须明确自己正在为什么目标而奋斗。然后，你就要向确定的目标奋进。有些青年人刚踏上社会便壮志凌云地制订了"五年计划""十年规划"。这本是件好事，但有不少人一旦被成功路上的拦路虎拦住，马上就气馁起来，撒手不干了。须知，成功是无数失败的积累，没有失败的成功只能算是侥幸。如果你一帆风顺，处处得意，并不证明你有能力，反而显示出你胸无大志，人生目标定得太低，只求得过且过。对胸无大志的青年来说，应该培养这种信念：即使是跌倒，也要朝向目标，而且不管你跌得多痛，也要挣扎起来，继续向目标奋进。

小唐弹钢琴并不怎么高明，唱歌又五音不全，实在让人不敢恭维。但小唐自认为是当音乐家的料。为实现当歌唱家兼作曲家的理想，他毅然辞掉了薪金丰厚的工作，去了一座被称为"乡村音乐之都"的城市。到那儿后，他用积蓄买了一辆小车，既做交通工具又用来睡觉。他特意找到一份儿上夜班的工作，以便白天有时间光顾唱片公司。从那时起，他一直坚持写歌练唱，叩击成功之门。由于他专心致志、全力以赴，终于创作并演唱了几十首顶呱呱的歌曲，实现了青少年时期的梦想。

小唐的成功昭示我们：成功者与失败者最大的区别，通常并非智力，而是毅力——向确定目标奋进的毅力。许多天资聪颖者就因为放弃了，以致功亏一篑。然而，成就辉煌的人决不会轻言放弃的。有人说得好，成功者不过是爬起来比倒下去多一次而已。所以，别埋怨不平的路途害你跌倒或者怀疑有人陷害，也别因为一点皮肉之伤而叫痛，更别因为跌倒一次就畏缩不前，每一次跌倒都要从中得到一些启发，学习从失败中制胜的道理。

三、天天替自己加油打气

初涉人世，面对知之不多的大千世界，青年人小心谨慎是必要的。但凡事都有个"度"，如果过于谨慎，就会使人成了一具从其人品中抽走了魅力和独特性的躯壳。尤其是搞对外工作的年轻人，过分的谨慎就会造成怕生、自我意识过强、唯唯诺诺。这样，你的命运就会危机四伏、四面楚歌。当你发现自己已有了怯懦习惯，那就快点儿想法克服吧。据一些相当成功的人士告诉我，天天替自己加油打气实在是克服怯懦的好办法。

俗话说，催款难，难于上青天。可经理偏偏让刚参加工作不久的阿刚去催回外面的多笔欠款。当时，他脑子里马上出现了一幅幅催款的穷酸相。他这个平时怯懦的人，即将扮演这个难而又难的角色，心里的确不愿意，可是身不由己，只得硬着头皮去干。每当他出去催款前，就在自己巴掌大的小屋里跳来跳去，一次又一次地大声喊道："我成功了！"直到自己的热血沸腾起来，然后就信心十足地上路了。半年下来，他终于将多笔欠款催到单位的账户上了。经理对这个初出茅庐的年轻人也不得不刮目相看，打算提拔他当自己的助理。

天天替自己加油打气，头脑中就会树立起成功的形象。这种积极的信念反复地在脑海中呈现，就会成为潜意识的一个组成部分，使你的心智、神经、肌肉在事先得到一次协调配合的"演练",像电子计算机输入一个完成某个任务的软件程序,最后能保证你获得成功。切记,你可以控制自己的一思一念,脑海中的一切都归你指挥,所以你不但是主角,同时也是导演呢!如果你选择的是成功角色,那么,在现实生活中,你就会勇气倍增,也必然所向披靡!

四、常说自己能行

青年人走上社会,意味着自己独立人生的开始。对此,父辈们都会把它当作大事情,有些家庭甚至会举行专门的恳谈会,父辈们用亲身经历教育子女。此时,你千万得认真听,因为这对你确实很宝贵。但是,父辈们的经验和期待有时会束缚我们:本来不想做的事,但拗不过父辈的再三要求,结果勉强答应做了,但心里却是一百个不愿意!这就要求我们要以超然的态度面对父辈的期待,不能让它成为实现自己目标的沉重的精神包袱。我们决定做自己的主人,这是解放精神迈向成功的一个重要步骤。

王莉是个文静内向的女孩子,在安徽农师并不引人注目,但她毕业时,却成为人们关注的新闻人物。原因很简单:她平静地放弃了毕业分配时几个合资企业的大红聘书,回到了农村老家,当了个女猪倌。毕业,择业,就业,王莉的脚步迈得并不轻松。可贺的是,她顽强地抵住了世俗的偏见,终于投身于自己热爱的养猪事业中,并创造了一个奇迹——女大学生猪倌,半年赢利10万!

当然，在你面临抉择时，常常有许多必须考虑的地方，走自己的路任人去说，是你必须慎重考虑的一点，这很可能成为你明智的选择。渴望成功的年轻人，不要错把人家的期待作为自己的桎梏，能真正认识自己的只有你自己。凭你的知识，凭你的经验，凭你的直觉，去寻找你的位置，那么属于你的成功就在等待着你呢。

五、强迫自己热情地工作

青年人朝气蓬勃，精力旺盛，这是成功的一大优势。但也有的青年人没能好好地利用这个优势，干什么往往是"三分钟热血"。这样的随心所欲又怎能利于成材呢？干事业同行军一样，要是等好天气才上路，是走不了多远的。鞭策自己，激励自己，强迫自己热情地工作，相信任何人都会达到目标，都会成功。

目前，刘某已是文坛上小有名气的小说家了。他的小说是自己逼着自己写出来的。那种情形是少见的。他有次生病，身体弱，不想写作，他就对妻子说："我要求你每天早晨6点一定叫我，考查我的勤奋。"

一些有名的人物也是这样做的。老舍先生就规定自己每天必须写1000字。

为什么你不在每天早晨对自己说："我爱我的工作，我将要把我的能力完全发挥出来。"激发出自己的工作热情，你就会感到乐在其中了！

总之，对于追求成功的青年人来说，积极向上的信念是绝对必要的，因为所谓的能力就是一种信念。我们能做多少，这和我们自己感觉能做多少这一信念有关。倘若你出自内心地相信自己能做更多的事，那么你的心灵就会进行创造性地思考，并向你展示它的方法。这对成功来说，是最有力的。

（杨玉峰）

你就是可以照亮自己的阳光

　　植物的生长离不开光合作用，也就是说，阳光是植物生长的动力。人的精神就如同阳光对植物一样，是催其奋进的动力。我们都渴望成功，都在苦苦寻找成功之路。我们常常把失败归咎于机遇难寻、环境不好、先天不足……却往往忽略了我们自己。我们每个人都有属于自己的独特的能量，这种能量就蕴藏在我们的生命之中，就来源于我们对自身使命和责任的深刻觉悟，只要我们能切实感受并加以发挥，成功之路就在其中。无论是伟人还是平民，成功就是最大限度地调动和释放自己的潜能。因此我要说，你就是可以照亮自己的阳光。

　　如何才能把照亮自己的阳光留住呢！

肯定自己

　　中国台湾作家刘墉在他的散文集《肯定自己》中说："每个人应当从小就看重自己，在别人肯定你之前，你先得肯定自己。"肯定自己，建立自信，是一个人赢得成功的基本前提。纵观古今中外，那些推动历史车轮前进的杰出人物和现实生活中有所建树的成功者，无一不是从肯定自己开始的。张海迪尽管没有常人健全强壮的体魄，却能打破生命的极限，在轮椅上创作出版多部著作、获得文学硕士学位的奇迹，令我们无数条件优裕的健全人望尘莫及。如果当初她不敢肯定自己，就不会有奋进的自信和执着。

　　成功不是特殊人物的专利，世界上成功的人士千千万，特殊人物又有几个呢？其实，他们的特殊，就表现在他们正把心想的事业付诸行动。不要迷信"神童"和"天才"，也不要把自己同伟人简单相比，在这个世界上，我们每个人都是独一无二的，尽管我们的地位可能很卑微，我们的身份可能很渺小，但这丝毫不会阻碍我们走向成功，因为每个人的成功各不相同，你也许不能像伟人那样有推动历史车轮前进的力量，但是你可以做一个紧固一部机器上某个部件的螺丝钉，虽然这个螺丝钉看起来很不起眼，但没有它，这部机器就不能正常运转。不要以世俗的眼光看待职业的高低贵贱，三百六十行，行行不可或缺。没有清洁工，城市就会变成垃圾场，我们就无法生存下去；没有护路工，公路就会千疮百孔，我们现代化的交通工具就不及原始的木轮车……"天生我材必有用"，虽然每个人的能力大小不同，但不能就此否定自己，只要我们找准自己在生活中的位置，脚踏实地地去做，总是能够成就某种事情的。李素丽、徐虎都是普通工人，也没有人向往的优越的工作条件，他（她）们只不过用自己永不停息的劳动，做好了他（她）们分内的那件事情，他（她）们用平凡的点滴工作积累了成功。相反，一些从小被看作天分很高、才智过人、前途无量的人，后来却没有做出什么令人信服的业绩。弗洛伊德说过，一个常自我谴责的人，其真实性格品质会完全被精神上的疾病吞噬，而自我肯定却能有助于提高自身性格品质。自我肯定不仅能使我们常怀一份成功的希望，而且能对我们的自卑心理产生免疫力。多些自我欣赏，找准你的优势并加以发挥；多些自我激励，把你的能量充分释放出来。不要轰轰烈烈，点滴的成功同样会助长你的自信。

永不向挫折低头

在人生的旅途中，我们总要有承受风吹雨打、磕磕碰碰的抵抗力。一个人要学会游泳，难免要喝几口水；小儿要学会走路，难免要摔几次跤。因为害怕喝水而拒绝下水就永远学不会游泳；因为害怕摔跤而不敢挪步就永远学不会走路。一帆风顺、事事成功当然好，可人毕竟不是万能的，在这个充满矛盾的世界里，"万事如意"只不过是人们主观上的良好愿望罢了，挫折和失意的事情我们或多或少都可能碰到，关键要看我们怎样看待它、化解它。

中国古代思想家孟子有"生于忧患，死于安乐"之说，现代西方哲学家萨特也说过："我把我的苦难视为取得最后胜利的最可靠的途径。"这些哲人们对挫折如此非凡的看法，反映了他们对人生的深刻感悟。在他们眼里，挫折正是人们有所成就、走向成功的一个要素。事实上，成功的结局总伴随着艰辛曲折的过程，如同某人独自去一个陌生的地方，途中走点弯路甚至走回头路一点也不奇怪，只要他不就此放弃，到达目的地只是迟早的事。如此说来，挫折并不意味着失败，因为一次战役中局部战斗的受损并不能左右全局的胜利。再说，过程和结果是同等重要的，要想成功，是断然逾越不了过程的，不能因为结果不理想，就将过程也否定了，就像人们吃饭一样，总不能只承认那让我们饱腹的最后一口，而认为以前吃进去的东西都是多余的。不吃最后一口，人虽然感到有缺憾，但总不至于挨饿，心里到底是踏实的。求职不成，使我们知晓了自己能力的不足，促使我们用知识去弥补；投稿不中，负责任的编辑们会让你明了功夫应当下在何处。当你经过不懈的努力，终于寻得自己满意的职业，或者在报刊上看到自己的成功之作的时候，你会发现，正是那一次次求职不成、投稿不中的过程帮了你的大忙。所谓"失败是成功之母"，道理就在其中。

有人说，成功者不过是爬起来比倒下去多一次。我们姑且不论挫折本身算不算倒下，但挫折对我们是一种实实在在的考验却是不言而喻的。经得起这种考验，在挫折面前不低头、不弯腰，挫折就能成为你人生的学校，成为你走向成功的财富。相反，经不起这种考验，一遇挫折就垂头丧气、心灰意冷，挫折给你带来的就只能是一道道越来越深的创伤，甚至从此真的倒了下去无力自拔。

艰难困苦，玉汝于成。机遇可以创造，环境可以改善，先天不足可以用后天的努力去弥补。我们应当有经得起挫折考验的健康心理，像孙中山先生说的那样："吾志所向，一往无前，愈挫愈勇，再接再厉。"

营造快乐心情

好心情可以使人的精神、体力、想象力、创造力呈现最佳状态，帮助你步入成功的殿堂。如此说来，快乐不是目的，而是伴随我们人生旅途的另一个过程。有快乐的过程相伴，我们的旅途就如同长途奔驰的汽车，从路边的加油站源源不断地获得前行的能源和动力。那么怎样营造快乐心情呢？

"无忧于心。"唐代的韩愈说得好："与其有乐于身，孰若无忧于心。"身体的快乐不是追求的目标，内心的快乐才是最重要的。这种内心的快乐能够外化为持久的精神力量，有了这种持久的精神力量，我们就没有克服不了的困难，没有达不成的目标。明朝末年的文学家张溥从小就酷爱学习，凡是读过的书一定要亲手抄写，抄写后朗诵一遍，再把它烧掉，如果记不住，又重新抄写，再朗诵，像这样往往要六七次才能把抄的书记住。这种在我们看来十分枯燥乏味的做法，张溥却能坚持下来，因为他确信反复的抄写、朗诵有助于他的记忆，当他终于能够原原本本地将书的内容印在自己的脑里的时候，一种成功的快感立即驱散了连日的辛劳，这种心情成了他的精神支柱，一直伴随着他勤学苦练。后来，他干脆把自己的书斋取名为"七录",以此催促自己更加发奋读书。经过如此反复多年的磨炼,他才思敏捷,诗文出众,有很高的名声,各地的人向他索取诗文,他可以不打草稿,一挥而就。我们都知道明代的徐霞客,他从22岁开始出游,前后经历了32年,足迹北至燕晋,南达云贵和两广,名山大川几乎没有不到过的。在游历的过程中,他尝尽了千辛万苦,星月寒霜下露宿,严寒酷暑中跋涉,忍饥挨饿更是家常便饭,当他每天晚上在城墙边、枯树下点燃一堆柴草,就着火光写下他一天的见闻的时候,那种油然而生自内心的收获的快乐立即代替了一天的疲乏和危险,第二天又怀着新的希望投入新的征程。

投身到挑战和竞争之中。"与天奋斗,其乐无穷;与人奋斗,其乐无穷",这是说快乐就存在于奋斗之中,用今天的话说,在工作中挑战越多快乐越多,有更多挑战的人才有更多的快乐。挑战之所以有快乐,是因为挑战能激发我们健康向上、积极进取的精神状态,帮助我们克服自卑、无聊、空虚、困惑等消极情绪。那么,投身到挑战和竞争中去,走出个人的小圈子,步入海阔天空的世界,你的心胸会豁然开朗,你的精神会为之振奋。

常怀一颗希望之心。有人说,要保持快乐于不坠,需要有些你愿望的东西还没有得到,这话说到点子上了。希望是快乐之源,常怀一颗希望之心,并朝着希望的目标努力,快乐就在达成目标的过程之中。要风得风,要雨得雨,我们的希望之光就会越来越暗淡,快乐也容易走到尽头。如此说来,生活中的挫折、失意、烦恼又算得了什么呢？它只不过是我们人生旅途中个别小小的插曲而已，只要我们能以正确的心态坦然处之，它不仅不会使我们感到失落、沮丧，反而会重新点燃我们心中的希望，使我们的动力之火永不熄灭。

我们常说，有一分热发一分光，其实这热就是潜在于我们生命之中的能量。将这种能量释放出来，转化为可以照亮自己的阳光，你就有了走向成功的动力。

（周江海）

两夺状元的中专生

2001年4月的一天，北京市昌平县阳坊镇的一个普通家庭里，15岁的初三学生赵博俊沮丧地把一个篮球扔到墙角，愁眉苦脸地对父亲说："爸，一模成绩下来了，我的成绩不太理想，如果考高中，我没把握考上重点。"

父亲当然希望儿子能考大学。透过淡蓝色的烟雾，儿子看到父亲满脸的愁容。他知道父亲有一个大学梦，特别希望在自己身上实现。博俊觉得自己对不起父亲。父亲问："把你的打算告诉我。""我想念中专。"博俊怯怯地说，声音小得像蚊子嗡嗡，他清晰地看到父亲的眼神一下子黯淡下来，又点燃一支烟，良久没说话。博俊的心"怦怦"跳着。父亲沉默了好一会儿，终于说："同意。"不过他嘱咐儿子行行出状元，要做就做顶尖的蓝领。博俊心里掠过一阵喜悦。

2001年9月，博俊进入北京市交通学校钣喷专业，后来又到北京市汽车修理公司三厂实习。汽修工作很辛苦，博俊却毫不在意。有时为了检查车辆故障，他钻到车底半天也不出来。他的勤奋和钻劲，赢得了厂里技术水平很高的王师傅的青睐。王师傅毫无保留地把自己的技术传授给他，博俊很快就成为佼佼者，并成为正式职工。

2007年5月，厂里选中博俊参加中央电视台《状元360》的汽车维修工技能大赛。博俊把这个消息告诉父亲，父亲鼓励道："这是好事呀，说明领导信任你。你要好好准备，给厂里争光！"比赛前，博俊进行了艰苦的训练。有的比赛项目，既是考验技术水平，又是对选手心理素质的大挑战。博俊难免紧张，他才独立工作两年多，怎么能跟已有十几年工作经验的选手比。他一遍遍地劝慰自己："你是个新人，没有负担，这是优势，把自己的水平发挥出来就好了。记住一定要放松。你一紧张，动作就变形，就会功亏一篑。"为了缓解压力，他去打篮球，还去钓鱼。

比赛项目是用砂轮磨鸡蛋，要把蛋壳磨掉，还不能损伤蛋内那层薄薄的白膜。为了让儿子在比赛中有上佳表现，父亲买来一大篮子鸡蛋。刚开始时，博俊掌握不好用力的大小，砂轮一碰到鸡蛋壳，蛋液就流了出来，博俊非常焦虑，越焦虑手感越差，半筐鸡蛋都变成了鸡蛋液。父亲怕儿子失败太多影响信心，就说："不能心急气躁，先轻后稳，均匀用力。"有了父亲的启发，博俊很快掌握了技巧，越磨越快。

在三个月后的比赛中，博俊不负众望，赢得冠军。

2008年岁末，博俊又去学喷漆。在汽车维修行业，通常情况下，一个人选择了一项专业就会干一辈子，不会再学第二个专业。但博俊不这样想，一个好的工人不要只满足于熟练地掌握技能，更要有创造性地劳动和发明，要敢想敢干。

2009年4月，博俊又参加了央视《状元360》2009年汽车维修工技能大赛。这次，上届冠军的身份成了负担，压得他有些喘不过气来。他开导自己："你都当了一届冠军，不当也没什么，如果轻装上阵，好好发挥，凭你的比赛经验再拿一次冠军也不是不可能的。总之不能太看重结果，把比赛看成是向其他选手学习的机会就行了。"比赛的项目是在跑步机上摞骰子，选手们要边跑边俯身在面前的小桌上摞。博俊个子最高，和其他选手比处于劣势。博俊就想到了一个主意：别一个一个地摞，那样不稳，弯腰时间长，体力消耗大，在下边的比赛中就被动了。可以先把骰子在桌子上排好，然后再竖起来。博俊的这招还真灵！

5月23日，博俊在四名决赛选手中过关斩将，又以卓越的实力蝉联冠军。蝉联冠军后，博俊意识到自己文化知识还有欠缺，准备去进修，要用科学技术知识为自己的"蓝色领子"镶一道熠熠闪光的金边。

（夕阳红）

年轻的"野保"达人

　　他考上了西安美术学院，一心想当职业画家。但是，一次偶然的听讲，深深触动了他18岁的心灵。

　　那是在2000年时，他去南海子麋鹿苑写生，偶遇一位鸟类专家正拿着小喇叭给小学生们讲课，讲尊重生命、爱护自然环境等等。他听着听着，脸上开始一阵阵发烧。原来，因为画画，他总去野外写生，观察飞禽走兽。但少不更事的他，还是个捕鸟高手，他捕起鸟来是很凶的，什么黄雀、燕雀等全部落入他的"魔爪"之中。听了专家的宣传演讲，又看到了很多墓碑，他懵懂的心灵第一次感受到了来自生命的震颤。想想自己以前的所作所为，一股忏悔之意不禁油然而生。那一刻，他暗暗下定了"赎罪"的决心。

　　老爸经不住他的百般"忽悠"，终于答应在北京南的房山十渡风景区买了一座别墅，希望他多多"师法自然"，获取绘画的灵感。可是等老爸转身刚离开，他就在别墅门外挂上了"野生动物保护站"的牌子。他下决心要做动物保护，认定了这是一件非常有意义的事情。

刚建站时，成员只有他一人，就先印点宣传资料发放。后来，陆续有志同道合的朋友加入进来，都是年轻的野保志愿者。作为最"草根"的民间公益组织，他们的任务就是利用业余时间到野生动物聚集区进行宣传和保护。他和他的队员们身着迷彩服，匍匐在荆棘、沟壑中，保护着生灵安危。有一次，在巡护过程中，他们在官厅水库的冰面上发现了一只孤零零的天鹅。当他小心翼翼地走到天鹅身边才发现，原来它的脚蹼冻在了冰上，他就用小刀一点点帮它把冰除掉，之后不久，天鹅又可以飞了。

但在爸妈眼里，他的行为却很怪异：一会儿要拍摄，一会儿要给店里裱画，一会儿准备发货，一会儿又跑去救助野生动物……一天到晚不知他忙些什么。爸妈对他的做法不理解也不支持，老妈催着说，挣点儿钱全扔出去了，赶紧结婚吧！野保站就是个无底洞，你根本填不完。老爸也附和说，我承认这是伟大的工程，但需要全社会一起做，只靠你自己是不行的。

只要他认准的事，决不会轻易改变！因为野保站没有资金来源，只能靠他卖画的钱来维持运转，每月需要支付数千元。他开始拼命地画画，拼命地挣钱。为了增加收入，他有时要画一些自己十分厌烦的画，梅花、老虎等，五六百元就能卖出一张，他还画过能卖几万块的高仿画，因为那个来钱快。他认为"以画养站"是个很好的良性循环，是钱本该去的地方。

一转眼，他从事野生动物保护工作已经10年了，他的野保站救助各种野生动物达570余只。2007年，一直"凭着一股热情，觉得该怎么干就怎么干"的他，终于"找到了组织"，成为国际WCS中国项目的成员，在工作设备和方式方法上都得到了支持和指导，这使得他的野生动物保护站更加专业和卓有成效。2010年5月12日，因为发现了极为罕见的国家一级保护动物野生黑鹳的巢穴，他的"草根"野保站——黑豹野生动物保护站轰动业内。

他叫李理，一个倾情山野的"80后"。连他自己也没有想到，曾经一心想当职业画家的他，如今竟成了一位野保达人。他说他不后悔自己的选择。因为拥有了一颗布泽生灵的博爱之心，同时也就拥有了高贵的灵魂。

（吕保军）

毕业照你微笑了吗？

　　邻居的孩子大学毕业了，我看了他的毕业照，发现大部分人都是一副苦大仇深的样子。他爸爸也说："照毕业照怎么没几个人笑啊！"孩子没好气地说："还笑呢，毕业等于失业！"

　　美国和英国的两个心理学研究所对毕业照的笑脸进行了一番研究，他们收集了一批初中和高中全班同学的毕业照，通过对每张毕业照的观察，发现一些同学面带着善意的微笑和自信的光芒，还有一些同学郁郁寡欢。研究人员接着收集了5千张，确定了5万人。经过长达41年的跟踪调查，结果他们发现：从总体上看，毕业照中面部表情微笑的这部分人，到中年后其事业的成功率以及生活的幸福程度，都远远高于那些面部表情不好的人。

　　这些研究人员真是有心人，这个细节被我们大部分人所忽视了。想一想我们身边的同学和朋友，在走出学校大门的那一刻，大家都在同一个起跑线上融入职业和社会竞争的洪流。十几年后，一些人找到了满意的单位，建立了幸福的家庭，实现了理想和人生价值；也有一些人碌碌无为，最终在残酷的竞争中被淘汰出局。如果我们认真回想就会发现，从根本上决定我们生命质量的不是金钱，不是权力，甚至也不是知识和能力，而是心态！

国外一家杂志社曾举办过题为《21世纪我最想要的》征文大赛，开出了高达一万美元的奖金，为此引起了轰动，有近两万人参与。杂志社对所有的稿件按文章标题进行分类，统计结果发现，最想要金钱的占57%，最想要家庭幸福的占21%，最想要权力职位的占8%，最想要漂亮贤惠妻子的占5%。经过专家评审，出人意料的结果是：一篇不足二百字的文章——《我最想要一个积极快乐的心态》，赢得了这次竞赛唯一的大奖。专家们的意见是："如果你拥有了积极快乐的心态，你就什么都可以得到。在未来的人生和世界里，态度是最根本的竞争力。"

对于这两种不同命运的现象，心理学家解释：如果一个人从年轻的时候就选择了积极的心态，那么积极的心态就会一步一步地引导其走向成功和幸福。反之，消极的心态就会一步一步地干扰其走向成功和幸福。乐观向上的心态是成功的密码，这是年轻人首先应该追求的。

日本有一项国家级的奖项，叫"终生成就奖"，有一届却颁发给了一位名叫清水龟之助的邮差，他从事邮差工作整整25年中，从未有过请假、迟到、早退、脱岗等任何缺勤情况。而且他所经手投递的数以亿计的邮件，从未出过任何差错。是什么样的力量支持着清水龟之助，把一件极为平凡的工作铸造成一项伟大无比的成就呢？

他说："是心态，我从我所从事的工作中，感受到了无尽的快乐。"

　　决定个人含金量高低的正是心态。阿里巴巴总裁马云说："看一个人、一家公司是不是优秀，不要看他是不是哈佛或斯坦福毕业，不要看它有多少名牌大学毕业生，而要看这帮人干活是不是发疯一样干，每天下班是不是笑眯眯回家。"职场的竞争表面上是知识、能力、职位、业绩、关系的竞争，实质上却是职业心态和人生态度的竞争。

（龙丽萍）

做人当自强

　　一位下岗职工，因为自己的文化程度所限，一直找不到肯接收自己的单位。为了求职，他四处托人煞费苦心，其间辛苦备尝，真正领略了世间的人情冷暖世态炎凉，但最终却仍是一无所获。后来，多少有些失望的他一面在饭店端盘子，一面在想：自己总不能一味地去求助别人帮自己改变自己的处境吧？为什么自己就不能凭自己的一技之长自立于社会？这之后，他依靠自己会捏面人的手艺，依托当地丰富的旅游资源，靠自己的实力为自己打开了一片天地。

　　人生在世，不可能事事都求助别人。人只有不断提高自己，让自己的思想行为不致落后于时代，这样才有可能不被社会淘汰。

　　早在多年以前，我国著名的教育学家陶行知先生曾写过一首很有名的诗，诗中说：滴自己的血，流自己的汗，自己的事情自己干，靠天靠地靠老子，不算是好汉。这首诗不仅读来铿锵有力琅琅上口，而且字字珠玑，闪耀着自尊自信自强的光芒，做人当自强，遇事求自己。这是万世不灭的至理名言。

　　求人莫如求自己，做人还是应该靠自己的诚实劳动和不懈努力，

去获得一份甜蜜的果实。就比如自己是一棵树，我们所要求助的是
自己的根，不断汲取大地深处的营养，茁壮自己的枝和叶，而不是
去求助什么健壮素强骨粉。

（王虎林）

人之为人　在于为人

　　前一个"为人"，是成为人的意思，后一个"为人"，意指做人。这个题目，也就是说：人之成为人，在于如何做人，如何把自己的"人"字写好，写端正。

　　人们常说"为人处世"，的确，我们作为人，就一定要处世，这是由人的本质属性——社会属性决定的。从另一个角度讲"为人处世""为人"则是"处世"的基础和前提，只有为好了人，才可能处好世，概而言之，做人，就要处世；要处好世，就要努力做人。

　　我们应该感谢造物主，没有把我们变成一棵树、一只猫，或是一只朝不保夕的蚂蚁，而是让我们以"人"的形式来到这个世间。既知是人，就要明白人的含义，就要时时处处把自己当人看待，在处世之中，不能混同于非人的东西，更不可做如鲁迅先生所骂的"做事学着猪狗"的那一类。虽然有的人形式是人，但在后来的生活中或是盖棺之后，他们就被否定了。为什么在我们的辞典中有"人面兽心""衣冠禽兽""狼心狗肺"这一类词语？因为他们处世背离了做人的起码原则，这就是人类对那些错披人皮的一群的纠正。

人，怎样做？

做人，首要的是不危害人类。对于人的评价，历史和人类是公正而无私可徇的。只要为人正道，无损他人和人类，历史自会公允评价；相反，那种得势小人，专干祸国殃民的坏事，天良丧尽，天理人情也实难容忍。历史上有副评价忠臣岳飞和奸臣秦桧的对联："青山有幸埋忠骨，白铁无辜铸佞臣。"忠直利民之士，有幸青山与共；奸佞害人之徒，无辜白铁也羞。可见，为人好坏，世间不少口碑，历史自有公论。又例，东坡居士在他的《郿坞》诗中这样总结董卓："衣中甲厚行何惧，坞里金多退足凭。毕竟英雄谁得似？脐脂自照不须灯！"事实上，那些与人类作对，专权害人之辈，最终只会得到历史和人类的无情惩罚，永远被钉在历史的耻辱柱上，可悲可叹！

做人，其次要有益于人类。为人在世，仅仅满足于不危害人类是不够的，否则，虽无损人类，却有违历史创造之恩，有负人类养育之情。要有益于人类，就要有"我为人人"的思想和无私奉献精神，因此，我们为人，要有舍己为人、"为他人作嫁衣裳"的气度；要有"但得众生皆得饱，不辞羸病卧残阳"的胸襟；要有效忠人民、"俯首甘为孺子牛"的精神。即便不能是悦人的红英，也要甘当护花的春泥；即便无缘成为驱驰效命的骏马，也应是那茹桑吐丝的秋蚕。要学李润五，勤兢为民，鞠躬尽瘁；要学李国安，生命不息，就要为老百姓打井谋福的精神；要学李素丽，在平凡的岗位，表现出为人民服务的极大热忱……真正如雷锋一样，"把有限的生命投入到无限的为人民服务之中去"。而且，也只有心里装着人民，装着伟大人类的进步事业，才可能有"些小吾曹州县吏，一枝一叶总关情"的崇高品质，才能真正去从事有益于人类的事业。

做人，不危害人类，重在"克己"的精神和意识；做人，有益于人类，重在道德上的修炼和才能上的培养；因此，克己、修德和育智就成为做人的良好训规。进一步讲，克己与修德可纳入道德的范畴，育智可纳入才能的范畴，因此，做人，就是如何培养自己使成为道德高尚和才能优异的人。

"人"怎样做的问题，就同时决定了"世"怎样处的问题。将个人的德和才纳入日常生活和工作中去，这就是做事情、干事业，简言之，就是"处世"。做人与处世既是因果关系，又是"为人"这个问题的两个方面。

我们"做人"，先不必问做人以外的一切东西，而只需要想如何修德广智，做个好人，做个于人类有益有大贡献的人。要明确普遍联系的道理，你这个人做好了，那么，你的事也就能做好，你就会得到亲人和朋友的关爱，就会受到上司的赏识和下属的拥戴，你自然就有你并不刻意追求的真名和实惠。这，就是做人的报酬。相反，有的人，连"人"字都没写端正，在处世之中，打着人的招牌，招摇撞骗。他们急功近利，却欲速而不达；他们损人利己，却以害己而告终；即使摸黑里干了有损人类的勾当，即便不被唾之骂之，那他精神上的恐惧和不安也足够折磨他一辈子。

为人，不只是口头上的故事，而更要从思想上下功夫，要在行动上见高下，既要有"桃李不言，下自成蹊"的涵养，更要有"拳头上立得人，胳膊上走得马"的道德功力。总而言之，我们要在精神修养上练内功，在处世、工作、生活等各个方面练外功，努力使自己符合一个人的要求，符合人类的要求。那么，他这个"人"字，可望成功。

（粟文明）

多灾多难求学路

    他出生在四川省南充市嘉陵区龙岭乡一个闭塞落后的穷山沟里，他成长在一个由病父、疯母、幼弟和他组成的四口之家。假如每个人都是一颗种子，那他头顶的土地也太过坚硬、贫瘠！然而，正是在这令人望而生畏的环境中，这个自尊、自强的孩子，用自己稚嫩的双手，开出了一条通向未来的希望之路。于是，苦难织成花环来赞美他，灾祸化就坦途送他远行，穿透云层的太阳为他引导奋斗的方向。

    他的名字，叫李松林。

穷不弃书

    李松林童年时就多灾多难。他呱呱坠地之时，其父已年近不惑。不久，其母又因意外事故疯癫。其父为治疗疯母的病，跑细了腿榨干了积蓄，终无济于事。因此，幼小的他除专心读书外，还得看管母亲。他在父亲东挪西借中读完了小学，并于1991年7月以优异成绩升入龙岭乡学校，分到初1994级快班学习。

在两年求学生涯中，他每学期都被评为三好学生，年年均获得奖学金，全校师生对他交口称赞。

成功的喜悦冲淡了贫困家境赋予他的沉重与忧郁。

天妒其才。1993年8月，家中唯一的擎天柱、仅有的挡风墙——年过半百的父亲积劳成疾卧床不起。

面对病父的呻吟，疯母的傻笑，幼弟的哀号，他过早地挑起了生活重担：他踩着泥泞为父请医抓药；他忍着悲痛为母喂饭梳头；他饿着肚子为弟熬饭煮粥。

家中债台高筑，有时竟缺隔日之粮！

饱读诗文的父亲在病床上拉着他的手老泪纵横："书能医愚，孩子，再穷也不能弃书啊！只是这身债，这学费……"

面对父亲殷切的目光，他跪在床前庄重地安慰父亲："爸爸，你放心吧，我自有办法……"

1993年10月，安顿好病愈的父亲，背着一床烂棉絮，裹着一套课本，揣着借来的路费，刚满15岁的他只身外出打工去了。

火车上，他把烂棉絮套进大蛇皮袋中，又把身子蜷进去，钻到硬座底下，在旅客的腿下，他悄悄打开了那久违的课本……

工地上，他头顶烈日肩扛灰桶手挥砖刀，累得脚酸手软，口里却念念有词地背着课文。晚上，工友们都到外面轻松去了，他却在灯下伏案写作业。真可谓"晨起五更吟诗，与雄鸡争鸣；暮坐子夜阅经，晤贤人谈心"。可是他绝没有文人雅士的悠闲和浪漫。

"为挣更多的钱,他玩了命;为读更多的书,他拼了命!这小子有种!"工友们对他由衷地敬佩。

就这样,短短一年时间,他不但挣够了学费,而且还自学完了初三全部课程。

1994年10月,他又回到了他魂牵梦绕的龙岭学校,插班到1995级2班续学。

穷不伸手

嘉陵区系国家级贫困山区,希望工程定点对该区贫困学生实施结对助学行动。

班主任赵老师体谅李松林的处境,要他填申请表,他幽默地拒绝:"老师,你不是常教育我们'与困难作斗争其乐无穷'吗?我现在已乐在其中了……"

学校领导也多次做思想工作,他满怀深情地说:"感谢党和人民对我的关怀和厚爱。比我困难的兄弟姐妹还大有人在,再说,我已是名团员……助学款还是用在刀刃上好……"

然而,灾祸的魔爪并不因他的善良、乐观而对他爪下留情。

1995年4月的一天下午,他学习之余到操场上练习扣排球,不幸的是,扣在地上的球不慎弹射在场内的一个小学生头上,小学生意外地摔倒了。本来只受点轻伤,然而该学生家长却要求先上南充大医院做CT检查后再说。

他当场就吓昏了：几个人上趟南充车费至少用50元，脑部做CT检查费用近500元，更不必说住院费、医药费、赔偿费了。

面对这飞来横祸，刚挣脱贫病喘过气来的老父除了责骂竟无话可说……

他的遭遇牵动了全班同学的心，更揪紧了班主任的心。班会上，赵老师默默地掏出50元钱，全班同学一个又一个捧出带着体温的爱心：心与心相通，血与血相融，手与手相握架成一道七彩虹……大家不约而同地唱起了班歌，此时此刻他早已泣不成声。

李松林是自尊的，自尊得甚至让老师和同学难以理喻和接受。

他把所有捐款还给赵老师，动情地说："老师，你上有老下养小，还要帮扶两名失学儿童，同学们的家庭也和我家差不多。你们的心意我终生难忘……老师，你的咏行诗写得太好了——尽管穷得只有一身骨气，却仍为我们的精神补钙……老师，我不会让你们失望的！"

好在天无绝人之路，那小学生CT检查后并无大碍。赵老师把捐款命名为"爱心源泉"转贷给李松林，他才接受。

穷不掩智

贫穷之于弱者是绊脚石，贫穷之于李松林则是磨刀石，他的聪明才智被越磨越亮。

由于家庭困难，他每天都得做繁重的家务，挑水、担粪、做饭、洗衣、喂猪、种地等是他的必修课，他晚上还不能住读。如何利用这有限的时间学好功课成了他的"心病"。他自创的"趣味记忆法"帮上了大忙。"安徒生担（丹）麦子，买回《皇帝的新装》"，只有他才想象得到。由于锻炼有术，他记忆超群，你随便问他点课本上的知识，他会随口告诉你在书上的页码。

"这娃儿就是爱动脑筋，会想办法！"他的邻居这样说。

走进他的卧室，阴沉沉黑漆漆的。划燃火柴，墙壁四周都银光闪烁，细看才知是锡箔纸作怪。问其因，他腼腆作答："学了镜面反射后琢磨出的'土法治黑暗'。"一点不错，微弱的火柴光经多次反射后确实明亮了许多。

"这个凹镜是他点油灯看书用的！"其弟笑嘻嘻地捧出一个洋瓷碗，内层也粘贴着一层锡箔纸，"停电时可管用呢！"其弟热心地表演着。

"来看这个调压器吧，"其父乐呵呵地介绍道，"山村电力不足，他为了正常照明，就根据变压器原理买线圈鼓捣了一周才制成的！"

好家伙，还会创造发明哩！

"为节约电费，他还配上了降压装置。瞧，这只小灯泡亮得多精神！"其父侃侃而谈，自豪之情溢于言表。

穷不服输

排球风波的纠缠和骚扰，影响了他的心态和情绪。1995年7月，续学仅8个月的李松林以4分之差未上中师正式录取线。

他面临两难选择：读中师委培还是读普通高中？读中师委培可解决工作，但费用近2万元；读普通高中费用低，但升学希望渺茫。

贫穷又一次想蒙住他的双眼，贫穷又一次想主宰他的命运。

"生就的泥腿子，还蹦跶个啥！"有人嘲笑；

"将就读个普高，碰碰运气得了！"有人劝导；

"贷款读个委培，别贪心不足！"有人讥讽。

他辗转反侧在床上烙着大饼：路真的到了尽头？不！世上本没有路，路是人走出来的！

听说省重点中学——龙门中学今年要补选一批苗子，他心头一亮：机遇来了！

他静下心来认真地复习着，他翘起脚跟焦灼地期盼着。从8月6日至8月23日，整整18天，他足不出户。

8月24日凌晨5点，天刚蒙蒙亮，他就步行上路了。100余里的山路他走了整整10小时。龙门中学的主考老师为他这种求学精神折服，破例免收他的考试费用。

8月28日，他望眼欲穿的录取通知书终于飞到了他的手中。

他怀揣着父辈的叮嘱走进了希望的校园，他肩负着老师的重托掀开了人生新的一页。

书读无厌，念我任重道远；

步行不辍，任他山高水长。

赵老师的留言为他点燃了希望的灯火。

有志者事竟成！让我们为这个多灾多难又百折不挠的朋友祝福吧，愿他一生平安！

（赵承勇）

你见过哪一朵花是丑的吗？

　　她身体有些胖，看见同伴苗条的身材，她心里很难受。她每天闷闷不乐，对学习也不感兴趣了。

　　一天，父母领着她去逛公园。由于她胖，路都不愿意走。虽然公园里鸟语花香、景色宜人，她却怎么也高兴不起来。

　　走到一片花地面前，爸爸让她仔细观察每一朵花。爸爸说："仔细看看，看能找出一朵丑的花吗？"

　　好漂亮的一片花呀！有的鲜艳迷人，有的芳香四溢，有的花朵硕大，有的花朵瘦小。但不管是什么样的，每一朵花都是那么美丽。

　　爸爸问："看到哪一朵花是丑的了吗？"

　　她摇摇头，疑惑地说："怎么没有一朵花是丑的呢？"

　　爸爸："那朵牡丹花多丑哇？那么肥大的花瓣，哪有茉莉花好看哪。你看茉莉花娇小瘦弱，多好看哪！"

　　她疑惑地摇摇头，说："不对啊！我怎么感觉它们都很好看呢？"

　　爸爸笑着说："你的感觉是对的！小朵的花有小朵花的美，大朵的花有大朵花的美，每一朵花都有每一朵花的美。"

她点点头。

爸爸接着问："我们一般把像你们这么大的孩子比喻成什么呀?"

"花朵。"她回答。

爸爸："你们就像花朵一样,你们每一个小孩儿都是可爱美丽的。既然没有哪朵花是丑的,你能说有哪个小孩是丑的吗?"

她明白了,高兴地笑了。她觉得自己也是美丽的,就像那大朵盛开的牡丹花。

(金明春)

磨砖作镜

小说作家周碹璞向我求字，说能不能给她写一幅"磨砖作镜"。我答应了。

磨砖为镜即磨砖作境，语出吴承恩《西游记》第八回。诗为：试问禅关，参求无数，往往到头虚老。磨砖作镜，积雪为粮，迷了几多年少？毛吞大海，芥纳须弥，金色头陀微笑。悟时超十地三乘，凝滞了四生六道。谁听得绝想崖前，无阴树下，杜宇一声春晓？……这一篇词名叫《苏武慢》。

另有一种说法是：马祖尝禅坐，怀让问："图什么？"对曰："图作佛厂怀让乃磨砖不语，马祖怪之而问，则曰："图作镜。"马祖曰："磨砖岂能作镜！"怀让对曰："磨砖既不能作镜，坐禅岂能成佛！"

周碹璞创作小说多年，有长短篇十数部。其中字数尤以去年杀青的《多湾》为最，长达50万字。几位专家阅后，皆认为是一部巨制力作。周碹璞年龄不大，就取得了如此令人瞩目的成就，为什么还要说自己是"磨砖作镜"呢？或者说尤其喜欢"磨砖为镜"的境界呢？我想那就是她有点"愚劲"。其实这世界上凡有意义的事，又有哪件不需要她种"愚劲"呢！我习书大半辈子，不久前才悟出《好大王碑》的好处，才知道"笨拙"是一种美。我跟周瑄璞说，这几个字不能写得太美了，与词义有些相悖。周瑄璞说，我也是这样想的，你就大胆地写，好坏我都要。

我用"好大王"体为她写了。写好后为了让她先睹为快，我立马拍成照片在网上给她传过去。她看了照片后，说非常喜欢，你真是写成了我"心中想"的。范仲淹在《岳阳楼记》中说：噫！微斯人，吾谁与归？鲁迅说，人生得一知己足矣。周瑄璞对我的字的态度，的确让我有种"知己"的快慰。看来，凡事只要你认真地做，一定会有人识你，像高适说的那样："莫道前路无知己，天下谁人不识君。"

十几年前，我办《各界》杂志时，约作家杨争光写稿，杨争光给了我一篇《小说家》。他在文章中写道：如果一个人指着一堵水泥墙说：我要把它碰倒，你可能不以为然；如果他说：我要用头碰倒它，你可能会怀疑他什么地方出了毛病；如果他真的去碰几下，你会以为他是疯子，你会发笑。可是，如果他一下一下地去碰，无休止地碰，碰得认真而顽强，碰得头破血流直到碰死在墙根底下，你可能就笑不出来了。

说实在的，这篇文章当时并没有引起我大多的感触，似乎就是一篇寓言。但今天再看，就觉得不同凡响。杨争光这一番话，想说的就是"能不能写好小说并不是最重要的""重要的就在于那么一股认真的、冥顽不化的精神"。几十年来，杨争光因为写小说，心力交瘁，腰弯背驼，心脏甚至做了支架。去年的《少年张冲六章》受到普遍欢迎与好评，我看了后与他开玩笑，说，你可以获诺贝尔文学奖了，获奖词就用你多年前为《各界》写的《小说家》，一字不用修改——小说家就是用自己的头去撞水泥墙的家伙！

"磨砖作镜""用头颅去撞水泥墙"，这样的精神就是那些有志于文学的"愚人"的精神。我从周碹璞相求"磨砖作镜"中看出，她是具有这样的精神的！

（马治权）

能飞翔我绝不爬行

　　她生于贵州省印江自治县的一个土家族山寨，原本有一个快乐完整的家。8岁那年夏天，父亲因眼疾而双目失明，狠心的母亲丢下她和弟弟一走了之。懂事的她坚定地对父亲说："不要怕，我养活您和弟弟广于是，刚上小学二年级的她含泪辍学回家，开始承担起一个家庭的重担。

　　每天天刚亮，她就揣上几个红薯，扛着锄头，拉着失明父亲到地里犁地，在田里插秧，做着繁重的农活。中午，回到家顾不上歇息，抓紧做饭。下午，接着干农活，一直干到天黑才拖着一身的疲惫回家。

　　虽然日子过得艰难，但她内心一直渴望读书。在忙完了一天的活之后，她总把自己读过的书拿出来看。她的举动，触动了失明的父亲。会拉二胡的父亲作出了一个惊人的决定：沿街拉二胡乞讨供女儿读书。辍学一年半后，她终于回到了学校。

　　虽然为了维持生计耽误了大量的学习时间，但她十分刻苦，2004年，她考入了县里最好的高中——印江民族中学。

后来，父亲患上了严重的风湿性关节炎，但为了让她读书，父亲根本不愿花钱治疗。从她上高中开始，为了不再让父亲出去卖艺乞讨，她开始到学校食堂勤工俭学。高中三年，她从不吃肉，连白米饭也很少吃，就吃家里种的红薯、洋芋和萝卜。有一回，饭盒被蒸饭的阿姨不小心弄翻，里面全是萝卜，一粒米饭也没有，阿姨就给她盛了一盒米饭。打开装满白米饭的饭盒，她不敢相信自己的眼睛，顿时泪流满面。老师知道她的情况后，送给她一袋米，她舍不得吃，把这袋米背回家改善一家人的生活。

2007年，她以优异的成绩考入贵州省铜仁学院中文系，成为一名大学生。在她的辅导和鼓励下，她的弟弟也于2008年考入贵州职业警官学院。为了照顾父亲，年仅21岁的她决定带着父亲上大学。

2008年8月，她在铜仁学院老校区附近租了一间简陋的民房，一边读书一边打工挣钱赡养父亲。每天中午和下午一放学，她就急匆匆赶到父亲的住处，煮饭、洗衣、打扫卫生，照料父亲的生活起居。每天她都要等到菜市场快关门的时候，去买菜贩处理的便宜菜，以节省生活开支。

为了给父亲买药，给弟弟寄生活费，她利用课余时间做家教，到夜餐店洗碗，在学院微机房打扫卫生。她到夜市帮人洗碗，收摊以后已是深夜两三点钟，她一个人沿着公路走回学校，因为心里害怕，她就唱着歌为自己壮胆。有几次，她被几个不怀好意的人尾随，她就躲进医院，在过道的椅子上坐到天亮。有几次突降暴雨，雷声轰鸣，她飞奔回学校，淋得像落汤鸡。但她一直没有放松学习，成绩总是出类拔萃。

尽管每天十分忙碌，但她还是挤出时间，给父亲讲身边的新鲜事。她还给父亲买了一台小收音机，打发难熬的时光。

2011年，她大学毕业了，如愿地通过了铜仁学院的招考，成为学校档案馆的一名管理员。

2011年9月，她被评为第三届全国道德模范。她一直相信只要用越来越强大的心走"夜路"，总有一天黑暗也会变光明。她一直爱说这样一句话："该你飞翔时，绝不能去爬行。"她就是24岁的张蕾，一个坚强的女孩，用自己羸弱的双肩担起孝老爱亲的重任。

（心有千千结）

刚进城时，我啥也不懂

　　去看望一位进城打工的亲戚，在他租住的房子里，恰遇一帮老乡，都来自我的家乡，也都是来城里讨生活的，时间长的已经进城七八年，短的则是今春刚刚来的。与他们用很浓的家乡话交谈，无比亲切。在他们眼里，我在城里有体面的工作，有自己的住房，讲普通话，已经脱胎换骨，成了真正的城里人。可我并不觉得，我与他们有什么不同。

　　聊着聊着，有人讲起自己刚进城时，因为不会坐公交车，看见一辆辆公交车来了又走了，思来想去，没敢上。最后，硬是靠双脚步行了两个多小时，才从工地走到亲戚租住的地方，加上一天的劳累，脚都磨出了水泡。他讪讪地笑着说，幸亏来时记得是沿着一条大道笔直走，不然，肯定要迷路。真没想到，城里的一条路，会那么长，那么长。他的话，引起了大家的兴趣，大家不知不觉扯起了自己刚进城时，因为什么也不懂，什么也不会，什么也不知道，所遭遇的种种尴尬。

　　二胖子说，他刚进城找的第一份活儿，是送水工，因为对环境不熟悉，开始的时候，老板让他送的都是附近小区的家庭用户，老小区，全是多层建筑，他都是一桶桶扛上去的。有一次，一家公司要求急送水，其他送水工都送水去了，老板就临时让他去送。那家公司在一幢大厦的17楼，老板嘱咐他坐电梯上去。他扛着水到楼梯口时，正好电梯下来了，走出来一帮人，等人都下完了，他扛着水，犹疑地走进了电梯。他一进去，电梯的门自动关上了。真是神奇啊，他好奇地四下张望。过了一会儿，电梯的门又开了，几个乘客站在电梯口，他扛着水走了出来，抬头一看，傻眼了，怎么还是在一楼楼梯口？原来他没按楼层，电梯根本就没动。看着电梯门又慢慢关上了，他没好意思再走进去。二胖子说，最后他是爬楼梯将那桶水送到了17楼。

三娃笑岔了气，你不按楼层，电梯怎么会走呢，你可真笨，这么简单的事都不会。笑够了，三娃自嘲地说，不过，自己刚进城那会儿，也是什么都不懂，闹了好多笑话。印象最深的是，第一次发工钱时，可把他高兴坏了，他想打个电话告诉家里的媳妇。当时，全村只有村西头的代销店有一部电话，在外打工的人，都是将电话打到代销店，然后，代销店就喊一下谁的家人来接电话。那时候，城里的路边上，用的都是磁卡电话，三娃也花20元，买了一张磁卡，然后，找到一部磁卡电话机，他兴奋地走进了耳朵一样好看的话厅里，这时候他才发现，自己压根不会用磁卡，更不会打电话。他先是拿着磁卡，四处比画，一会放在话筒上，一会儿贴在数字按键上，一会儿搁在话机顶，但是，怎么折腾，电话就是不通。倒腾了半天才发现，电话下端有条缝，是要将磁卡插进去的。可是，正面，反面，掉个头，再正面，反面，这样来回插了七八次，才总算让电话能用了。

一个老乡说，他刚进城的时候，有一次去一家宾馆干活，宾馆的大门是旋转门，他拎着维修工具站在门口，犹豫了很大一会儿没敢进去，他不知道怎么跨进去，又怎么跑出来，末了还是工头一手拉着他，将他拖了进去；另一位老乡说，老板给他们每个人办了一张银行卡，工资都是像城里人一样，打进卡里的，第一次拿着卡到自动柜员机上取钱时，他忙活了二十多分钟，急得满头大汗，没取出一分钱。柜员机外，排起了长队，最后惊动了银行保安，以为他在柜员机上做什么手脚呢；一位女老乡说，刚进城那会儿，正好一个亲戚家的孩子结婚办酒席，她第一次上那么高档的酒店吃饭，面前盘子碟子摆了好几个，都那么干净，那么漂亮，她以为都是餐具，所以，吃饭的时候，她端起面前的一只盘子，就去盛饭，边上一个时髦女孩皱着眉告诉她，那是盛垃圾的，她的脸窘得通红……

大家你一言，我一语，讲着自己刚进城时，所遇到的一件件尴尬事，难堪事，苦恼事。那都是多么简单的事情啊，但对于他们来说，因为从未见识，更从未经历过，所以，才屡屡现丑，出尽洋相，甚至被人看不起，笑他们又傻又土。我知道，即使已经在城里生活了很多年，他们仍然有太多不懂的东西，因为事实上，他们很多人，根本就没有机会了解和融入主流的城市生活中。

我想告诉他们，不懂，不会，不知道，这都不是他们的错，既不必为此难为情，也不必因此自卑。人生就像一座城，刚进去时，我们都啥也不懂，但我们仍然是自己人生的主宰。

（唐仔）

真情汉子，善良路上"一条道跑到黑"

吉林省长春市。城乡接合部宋家街道8委。一间低矮潮湿的地房里。

刚刚下了清扫早班的长春市宽城区运输管理处清洁工人周湘泉走进地房，就一头扎进蒸笼似的灶间，忙着置办丰盛的早餐：一碗清蒸鸡蛋糕，一碟炝拌黄瓜片，一盘肉炒豌豆，还有松软可口的大米饭……

饭菜打点停当，周湘泉抹了一把额头上的津津热汗，披上一块皱巴巴的防雨布，把包裹得严严实实的饭菜小心翼翼地放在自行车车筐里。随后，他就蹬着那辆白山牌加重自行车，向15公里以外的那家医院驶去……

3年来，1000多个寒来暑往的平凡日子里，从宋家街道8委到武警某部医院这条长度为15公里的蜿蜒小路上，周湘泉每天至少要往返三五十公里。再忙再累周湘泉也得去，也不能不去——因为，在那家医院里住着他高位截瘫、瘫痪在床的"妹妹""妹妹"的吃喝拉撒都需要"哥哥"料理。

天下掉下个"周哥哥"

1991年3月16日，对于20刚出头的吉林省电力生活事务局团干事徐立新来说，是个"黑云压顶"的苦难日子。那一天，她与同事们来到了一个建筑工地参加劳动。突然，一辆刹车系统失灵的夏利出租车直向徐立新扑过来，撞到了她，并从她的身上无情地碾过。就是这无情的一碾，从此改写了徐立新后半生的命运……

事故发生后，单位与家人曾先后带着徐立新到北京、沈阳、长春等地的各大医院求医问药，希望幸运之光能播洒到这位正处于青春年华的女青年头上。然而，事实却是那样残酷无情：高位截瘫，胸部以下完全失去知觉。这就意味着，徐立新从此将丧失劳动能力与生活自理能力，将一辈子躺在病榻上、坐在轮椅上。徐立新绝望了：她曾多次尝试过自杀，可瘫痪的身体竟无法助她一臂之力。多少次，徐立新从夜半惊魂的睡梦中醒来，总是要神经质地仰天悲叹："命运啊，你怎么这样不公平！苍天啊，你怎么不长眼！"

1997年，长春市宽城区运输管理处工人玉玉昆高位截瘫，也住进了这家医院。作为同事的周湘泉，帮着他端屎端尿，打水买饭，一来二去他和医院里的大多数病员、陪护也都混熟了。

细心的周湘泉意外地发现，斜对门的一个病房的门却从来没有敞开过；每天只有一位满头银发、步履蹒跚的老妇人买菜送饭出入这间病房。一天中午，老妇人从市场买水果回来，不知怎的竟重重地摔在了走廊上，磕掉了一颗门牙，满嘴鲜血直流。周湘泉快步上前扶起老人，第一次迈进了他感到很神秘的那间病房的门。病床上，躺着一位目光呆滞、面色苍白、身体瘦弱的女青年。她就是徐立新，老妇人就是她的母亲。

在交谈中，周湘泉得知了小徐的不幸遭遇，一颗淳朴善良的心被深深地打动了。年过花甲的老人既要照料瘫痪的女儿，又要忙着买菜做饭，不易啊！此时，周湘泉忽然想到了自己年迈的母亲，于是说道："大妈，你就在医院用心照料小徐吧，买东西做饭的活儿，我包了。"这一天是1997年5月7日，周湘泉走进了这对不幸母女中间，用一副坚实的臂膀撑起了这对母女头顶一片蓝天。为此，年已36岁的周湘泉把相依为命的10岁女儿，寄养在了母亲家里。

叫一声"亲娘"好心酸

1998年初，周湘泉发现徐大妈经常出现头痛眩晕、走路不稳、容易跌倒等情况。周湘泉去咨询，一位热心肠的老教授听完周湘泉的病情陈述，摇着头说，情况不容乐观，可能是脑袋里出了问题。徐大妈在周湘泉的"软磨硬泡"下才去检查。CT结果显示：脑瘤，6.5cm×4cm。老人家被蒙在鼓里，知晓了内情的徐立新哭得死去活来，周湘泉的心里像压了一块沉甸甸的大石头。

农历腊月二十三，周湘泉一手推着轮椅上的病人，一手搀扶着步履蹒跚的老人，踏上了求医之路。这是一种怎样艰辛的旅程啊！每逢上下车，周湘泉要先扶老人上去安排好座位，再把小徐背上车安顿好，然后再把轮椅扛上车。每到一地，安排住宿，打水买饭，周湘泉总要忙得满头大汗。千里迢迢来到声名远播的一家医院，一盆冷水却浇得周湘泉"透心凉"：由于老人年迈，脑瘤偏大，院方不敢承担这样的医疗风险。不过，一位见多识广的医生还是给他们指了条光明大道：北京某医院有位老专家，治疗这种病很拿手。于是，第三天他们又直接取道京城。老专家的门诊号不好挂，可这难不倒肯吃苦的周湘泉，他从早晨3点就在寒风中排队，最终拿到了就诊单。之后，周湘泉才返回旅馆把母女接到医院。老专家诊断了病情后也一脸无奈地告知："不要再看了，赶紧返回长春养着吧……"话外之意，不言自明。

回到长春，徐大妈病情急剧恶化，第三天卧床后便没有起来过，和女儿住进了同一间病房。在徐大妈生命的最后三个月里，非亲非故的周湘泉恪尽着一个孝子的全部孝道与孝心。老人吃不下饭，他就把新鲜水果榨成汁，一勺勺喂下；老人把屎尿弄到了被单褥单上，他马上更换清洗；每早他要做的第一件事是为老人洗脸，每晚要做的最后一件事是为老人洗脚。徐立新望着面容日渐憔悴的周湘泉，不止一次感动地说："我这做女儿应尽的孝却尽不了，都让周大哥去做了，这大恩大德我今生今世无法回报！"

临终前半个月的那段时间里，徐大妈经常处于昏迷状态，前来探视的人根本认不出了。可只要周湘泉在场，她总会用干枯的手抓紧他的手臂喃喃而语："孩子呀，你陪着我，哪也不要去，大妈离不开你呀!"如果她从昏迷中醒来不见周湘泉在场,就会对徐立新大发雷霆:"我的孩子呢,快把他给我找回来!"一天早晨,徐大妈的神志特别清醒,她见女儿不在身边,就边让周湘泉坐下,边爱抚地摸着他的面颊,说出了活在人世间的最后一段话:"孩子呀,大妈活着时有一件事求你——你能做我的儿子,叫我一声亲娘吗?大妈死后有一件事托付你——我最放心不下的是我那瘫姑娘,我就把她托付给你了……"周湘泉一个"亲娘"说出口,这一对儿不是亲人胜似亲人的两代便紧紧地拥在了一起,四行热泪滚滚而下。"亲娘"走了,作为"儿子"的周湘泉为她料理了后事。

"妹妹"谢"哥"泪花流

"一诺重千金。"一个承诺就是一份宣言,立下承诺就应当肩负起兑现承诺的责任。周湘泉立下了为徐大妈做儿子、照料徐立新的庄严承诺之后,就丝毫没有懈怠这种责任。为了让小徐树立起顽强活下去的人生信念,他千方百计引发她对生活的信心,激活她的兴趣爱好。一台VCD机从商店搬到了病房里,在徐立新心情尚好的日子里,对声乐毫无兴趣的周湘泉总会伴着小徐高歌一曲二重唱。他们最爱唱的一首歌是韦唯首唱的《爱的奉献》:周湘泉唱这首歌是激励自己为人世间最纯洁的爱而奉献;徐立新唱这首歌则是对为自己奉献真爱的人的礼赞。唱着唱着,有时居然四目相对,没了苦涩的眼泪,只有患难的甘甜。

在悉心照料徐立新的1000多个日子里，除了鼓励她直面残酷的人生，顽强地生存下去之外，周湘泉投入精力最多的，则是让她的身体得到充足养分的滋润。周湘泉为徐立新设置的生活日程表是雷打不动的：每天早晨8点吃早餐，13点吃午餐，18点吃晚餐，每餐吃什么，既要合小徐的口味，又要讲究营养。上午用轮椅推小徐到室外进行日光浴，呼吸新鲜空气；中午徐立新午睡两小时；下午打点滴。为此，原来交朋友甚广、爱喝点小酒、爱玩玩麻将的周湘泉，不得不与这些嗜好挥手道"拜拜"了。那天，分别10余载的小学同窗聚会，聚会前周湘泉已为小徐在保温饭盒里备好了晚餐。聚会结束，放心不下的周湘泉风风火火地赶到医院，发现保温饭盒竟没有打开过。徐立新羞涩而又真诚地说："我怕你喝多了出事，再香甜的饭菜我也吃不下呀……"是啊，"人非草木，孰能无情"，周湘泉不仅成了小徐生活上的靠山，而且成了她精神上的依托。

今年"三八"妇女节，徐立新把两件特殊的礼物送给了周湘泉，一件是她耗费了大半年时间织成的大红毛衣，一件是她用省吃俭用的48元钱买的一件衬衫，她选在这特殊的日子里向"哥哥"表达"妹妹"的一片心意。3年来，由于周湘泉的精心照料，徐立新居然一次褥疮也没有得过，医护人员称赞这是个"奇迹"。

结婚时带上我的"妹妹"

时代跨入新千年之后，在周湘泉照料徐立新三个年头的日才候，意想不到的事情出现了。在一段日子里，"妹妹"的脾气一反常态地越来越大了。有时候周湘泉精挑细选，按照小徐点的菜谱烹制的菜肴，徐立新不是挑咸就是嫌淡。以前，每次周湘泉要到来的时候，徐立新总要把轮椅摇到临街的窗口，望眼欲穿地盼呀盼。可今非昔比，小徐却完全变了个人，"徐妹妹"再不去热烈欢迎她的"周哥哥"了，时常还会扔过一句呛人的冰凉话："我看，明天你就不要再来了，我已经雇好人了……"

俗话说"无风不起浪"，徐立新这些变化事出有因，周湘泉自然心知肚明。已近古稀之年的老母亲，见早年失妻的儿子至今仍是单身生活很凄苦，就琢磨着让他早点再次成家；左邻右舍同仁同事深知周湘泉为人厚道人品好，就时常赶到门下保媒拉纤……这一切，自然都被心细如丝的徐立新看在眼里，她心中充满一种无以名状的苦痛：嫁给周大哥我不配，失去周大哥我不能，今后我的路在何方？万一周大哥走了我怎么办？爱戴与无奈困惑着一颗孤独的心灵。

"解铃还须系铃人。"作为过来人，周湘泉对于这种男女间微妙的心灵感应自然是心领神会的，他不想让这种尴尬的局面再继续下去了，于是他们有了一次推心置腹的谈话。

"周大哥，听说最近有不少人在为你提亲，有中意的吗？""妹妹"出言谨慎。

"……提亲的倒不少，可中意的目前还没有……""哥哥"毫不掩饰。

　　"那是为什么?"

　　"那是我只有一个条件:今生今世照顾你一辈子,结婚时也要带上你。"

　　徐立新哭了,哭得很开心——她信赖的人并没有错,他是她一生最可依赖与信赖的那一类男人;周湘泉也哭了,哭得很快乐——他真心呵护的人没有难为他。

　　截至记者发稿时为止,周湘泉已经相见了3位女性,两位一听他提出的尖端条件就打了"退堂鼓",一位说想见见他要带上的"妹妹"啥模样,窥探之后也蔫退了……也许,周湘泉对此已心灰意冷,也许周湘泉还在耐心等待,也许周湘泉注定今生要照料"妹妹"一辈子。不管结局如何,反正他的承诺不会改变:结婚时带上我的"妹妹"。

　　朋友,你不该曲解"君子心"。

　　苦点累点个人损失点,周湘泉根本没有当回事,更没有往心里去,照料徐立新一辈他心甘情愿。可最让他承受不了的是纷沓而至的不理解、责难与猜测,甚至是非议。

　　面对着这么多的不理解与胡乱猜测,周湘泉与徐立新"身正不怕影子斜",毫不为之所动。"周大哥文化低,却比有些学富五车的人思想要高尚得多!心灵要纯净得多。他这个人我算品透了,心眼特好使,最看不了别人遭罪……"徐立新抹了一把泪花接着说:"照顾我这3年,周大哥没得到过一分钱的回报,反倒给我搭上了不少钱……"

"我也不是想出风头，更不是为了扬名。人活着不能光想着自己，还得想着点别人，尤其是处于为难遭灾之际别人搭把手就能救他一命的苦难人……男子汉顶天立地，一言九鼎说话算数才是真爷儿们……我已经对故去的徐大妈拍了胸脯，咋能说话不算数呢！人嘴两张皮，别人咋说，由他去吧……"周湘泉粗糙的大手在空中果断地一挥，仿佛定格了一个大写的"人"字。

周湘泉之所以能在照料徐立新这条坎坷路上苦也不说、累也不说地"一条道跑到黑"，在世俗的流短飞长面前不动摇，一方面缘于他的善良本质，另一方面来自家人的理解与支持。一位是他古稀的母亲，这位慈祥的老人得知了事情真相后，顶着四面八方的重重压力，坚决支持儿子"一个人情做到底"，并主动承担了常年照料大孙女的任务，不让儿子分心。一位是他刚读小学五年级的13岁女儿，已经懂事的孩子听说此事后，唯一的要求就是要亲眼见一见这位徐阿姨，见过之后她就哭着对爸爸说："徐阿姨太可怜了，她可是个大好人哪。爸呀，你可得好好善待她……""血浓于水"，有什么样的鼓励，能比来自亲人的支持更让人心潮澎湃、感奋不已呢！

周湘泉只是一名普普通通的清洁工人，但他却有一颗闪亮的金子般的心。记者有理由相信，周湘泉的明天不会错，徐立新的明天不会错——他与她的明天会更好！

（卢守义）

信仰的力量

他选择了体育，想成为体育明星，露天的小体育馆里经常出现他矫健的身姿。那时他已22岁，已经获得了一次次的殊荣。最让他自豪的是他的100米短跑，他的成绩是世界第一，是当时的"飞人"。

在国人的心目中，那一年在巴黎举行的100米短跑冠军非他莫属。可想而知，一个人若取得了如此大的成绩，对他的威望、收入、名气该有多大的影响，他比任何人都明白，然而却做出了让国人震惊和愤怒的决定：取消参赛。是什么让他决定放弃唾手可得的荣誉？是信仰。因为按照赛程，100米预赛安排在星期日，"明天就是星期日，我要去礼拜，这是我多年的习惯，我决不能改变。"这就是他的全部理由。

舆论的谴责改变不了他的选择，国人的愤怒改变不了他的选择，王子亲自出面以国家的名义规劝他，仍然改变不了他的选择，在当时情况下哪怕是杀了他，仍然不能使他动摇。态度如此之坚决，无疑是信仰的力量。

信仰使他放弃了最擅长的100米比赛，但200米和400米他参加了，并且取得了佳绩。200米铜牌，400米金牌，并且打破了男子400米的奥运记录。后来他说："如果连信仰都不能坚守，那我将一事无成，更不会在以后的比赛中取得突破。"

他就是英国著名运动员利迪尔。

（刘玉真）

永远都不晚

我供职了14年的电脑软件公司关门了，我一下子成了闲人："我都51岁了，谁愿意要我呢？"那天早上，我把报纸丢在一边，泄气地对妻子凯茜说。

"你可以做生意啊，过去你不是一直梦想那样吗？"

没错，我有过宏伟的蓝图，但那是很多年前的事，现实早就让我的梦想破灭了。

街道那边一个老人正专注地欣赏台上那些大学生们的表演。表演内容紧紧围绕学生们来社区服务的亲身经历，比如拜访疗养院、帮助老年人做家务等等。我想，要是生活能像艺术一样就好了，那样的话我愿意来到一家疗养院，卷起袖子热火朝天地干起来，让每个老人脸上都露出笑容。这就像了却一桩心愿一样：

突然，我想起有一个叫"许下心愿"的组织专门帮助生病的孩子实现他们的梦想。我有了一个主意：我为什么不能成立一个这样的组织专门为老年人圆梦呢？一回到家，我就迫不及待地把想法告诉了凯茜。"或许它能成为你的工作，"凯茜鼓励我，"何不试一试？"

第二天，我开始我的圆梦行动。我找的第一个人是詹森·巴克，他管理着我们社区的"老年之家"。他非常支持我的计划，并向我讲起了朱安，一个坐在轮椅上的可爱的妇人。"她没有什么钱，也很少外出。我打赌她一定有心愿没有了却。"

我们见到了朱安，那天她穿着一件非常破旧的衣服。我说明来意后，她双眼一亮："什么心愿都可以？"她有些不敢相信。"当然，任何心愿都行。"

她的脸一下子红了，过了一会儿才开口："说出来有些难为情，但我确实需要一些新衣服。我星期天想去教堂，平时想去玩宾果游戏。但我只有一些旧衣服，就像我身上这件一样。我非常想逛逛商店，买几件像样的。"

"这一点儿都不难。"我说，然后给我的朋友桑迪打电话，他一直乐于助人。第二天，在我们的陪伴下，朱安开始了她一生中最快乐的购物狂欢，她脸上始终带着灿烂的笑容。那天，我们给她买了五套新衣服和一双新鞋。"朋友们都认不出我了。"欣赏着镜子中的自己她激动地说。

我成立了一个慈善团体，命名为"永远都不晚"，但是开始一段时间几乎没有接到什么请求，让我无梦可圆。若这样发展下去，没多久我就得重新找份工作。我正茫然不知所措时，詹森·巴克从"老年之家"打来的电话，说他那儿有一个人很怀念以前当农民时在地里干活的日子。爱德文曾经在印第安纳东南部务农60多年，后来他和妻子卖掉田产，搬到首府波利斯跟女儿住在一起。他不是怀念那种日出而作、日落而息的劳累生活，他只是非常想再犁一回地。

"我想做的是再次开着拖拉机耕一回地。"爱德文的声音很激动。

早春的一个上午，我在农场见到了在女儿陪伴下的爱德文，农场的主人愿意帮助爱德文实现梦想。那天，爱德文一下车就闭上眼睛，用力地呼吸刚耕过的土地散发出的泥土香。睁开双眼时，他发现一台拖拉机像变魔术一样出现在他面前。他满面红光，兴冲冲地爬上拖拉机，立即启动，突突突地开到地里去了。看着爱德文兴奋的样子，那一刻我想，就算这是我们帮别人圆的最后一个梦想，我也没有遗憾了。

事实证明，帮助爱德文只是我们圆梦行动的开始。爱德文的故事被当地一家报纸刊登了。马上我们就被数不清的电话淹没了，有想要圆梦的，有捐款捐物的，还有提供志愿服务的……

那之后的七年里，想要圆梦的请求从未停止过。多年来我的圆梦行动帮助无数老人实现了他们毕生的梦想，我所做的不仅仅是一份工作而且成了我的事业。这一切都始于我对梦想的追寻，圆梦行动也让我明白一个道理：只要心中有梦，永远都不晚。

（王启国　编译）

信心与耐心：一个外国企业家的教子良方

　　拿破仑·希尔曾说过这样一段话："批评往往使人失去动机，毁掉人的意志力。批评除了给孩童的心中留下自卑情结外，并不能带来更好的结果。"希尔回忆自己儿时有位玩伴，他母亲每天都把他批评得一无是处，常常用棍子修理他，还总说："你不到20岁就会进重刑犯监狱。"结果希尔的儿时朋友17岁就进了感化院。

　　什么是教育？也许许多人认为这是一个太简单的问题，实际上它却有着深刻的内涵。教育这个词的拉丁字源是：教会孩子用自己的心灵去开拓延展、推理演绎。

　　美国IBM计算机公司的缔造者托马斯·沃森在事业上是成功者，在家庭教育上同样是一个成功者。由于沃森全力以赴投入到IBM公司的发展，所以最初很少顾及长子汤姆的教育问题，而妻子珍妮特由于一连生了四个孩子，也同样无暇顾及，以致童年的汤姆被称为"可怕的汤姆"。在学校里，因为汤姆的学习差，又调皮捣蛋，所以没有人认为他将来能有出息。一次，汤姆把臭尿液放进学校的通风管道里，结果搞得全校臭气熏天。还有一次，汤姆偷了油漆四处涂抹，无可奈何的珍妮特竟把他带到警察局，让警长来帮助教育不争气的儿子……

老沃森感到了问题的严重性，沃森开始时常把汤姆带在身边，以自己的行为来时刻教导他。有一次在火车上，老沃森把盥洗盆涮得十分干净。小汤姆却不以为然地说："盥洗盆是公用的，我们何须这样认真呢？"老沃森说："后面的人会通过你用后的样子来评判你的人格和修养。"在公众场合，老沃森总是对汤姆的优点大加夸赞，汤姆做的哪怕是很小的好事，老沃森也不放过当众表扬的机会。这些看似微不足道的小事，却慢慢浸润着小汤姆的心灵。

小汤姆在学校里的成绩总是倒数第一，中学六年，换了三所学校，当汤姆考试得了低分时，沃森总会安慰汤姆："我希望你能表现得更好，我相信你能做到。只要把握住几个关键的问题，你就能成为一代伟人。在学校你可能是成绩最差的一个，将来走向社会说不定会成为最出类拔萃的一个！"汤姆中学毕业后，老沃森好不容易才把他送进了布朗大学读书。汤姆虽然依然过着花花公子的生活，父子也不能经常见面，但老沃森在百忙之中，仍不忘经常给儿子寄上充满关爱的信。后来信就成了父子俩情感的纽带，不管是有了想法还是发生了争吵，彼此总是用书信来沟通和冰释前嫌。

大一时，汤姆学会了驾驶飞机，并从中得到了极大的自信，但学业却进一步荒废。沃森并没有责怪他。后来汤姆问父亲："当初我的成绩那么糟糕，为什么还让我待在学校里呢？"老沃森说："你当时年龄尚小，我宁肯让你在一个正规的地方爱熏陶，也比让你在校外放任自流好呀！"他还常常以自身的经历教导汤姆说："我更相信对一名产业家来说，性格因素比智力或知识因素更重要。"这些话对重塑汤姆的自信心功不可没！

老沃森对儿子的教育终于得到了回报。汤姆大学毕业后主动进了IBM公司办的培训推销员的学校，毕业后成了IBM公司的推销员，不到两年就成为尖子推销员。"二战"爆发后，老沃森把儿子送上了战场，成了一名出色的飞行员。战争结束后，当汤姆把决定进IBM公司工作的消息告诉父亲时，老沃森流下了幸福的泪水，他知道：他对儿子的教育和激励终于到了收获的时候。后来在汤姆的领导下，IBM公司获得了长足发展，1979年美欧和日本计算机总销售额为471亿美元，而IBM公司就占了229亿美元。进入20世纪90年代，其销售额已逾千亿美元。老沃森打下了IBM公司的事业基础，而汤姆·沃森则为IBM公司打开了通往世界电脑生产王国的大门……

家长朋友，你在教育自己的孩子时，也会始终像老沃森那样，一直那么有信心和耐心吗？那些还在坚信棍棒之下出才子、出孝子的家长朋友，你从老沃森的做法中是否感悟到了什么？

（王飙）

不再是孩子

　　春天到来的时候，隐约间又看到母亲来到房间，她迅速拉开窗帘时架子发出摩擦后的短促声响，感觉时间的齿轮又好像加快了辗转的速度。我揉着惺忪的睡眼，母亲正在收拾昨晚我一个人躺在房间里看电影时吃剩下的花生和爆米花的碎屑，看到我醒了，她便朝我絮叨起来，"都这么大了，还像个孩子，不按时睡觉，专吃这些零食，以后怎么办……"

　　毋庸置疑，母亲是爱我的。在她眼里，无论自己长到多大，她都依然爱我。因为我是她的孩子，是她用骨头和血液分割出来送给世界的一部分。

　　"你怎么还像个孩子？"

　　一个简短的问句，是责备，是担忧，是关爱，或是羡慕，猜测不出。

　　时间从岸上出发，拖着陈旧的船板，在大海中央放下一枚锈色的锚。我在18岁以后的年纪里举目四望，发现这世界也在打量我，要说出什么，却始终说不出什么。

　　无聊时，经常翻看手机通信里滚动的友人名片，内心有一瞬间的冲动，想按下绿色的电话图标键，但却迟疑地把手僵持在半空，内心胆小得如同要被人揭穿掉什么。我的声音从小学五年级到现在始终没发生多大改变，偶尔接到友人从远方打来的电话，心中异常胆怯："真的是你吗？声音好萌呢！""嗯，一直是这样的。""你究竟几岁，真的是20吗？""是的。"心底浮现出来的数字很快就烧光了所有紧紧遮掩的树梢，这是时间放出的最大一场火。

　　是不是有一天，那些陪伴我们一生的数字，又会变成一把锋利的刀刃，没有任何表情地切开我们努力用童稚的容颜和声音伪装出的鲜红果实？

　　这个世界充满了秘密，也充满了一双双剥开秘密的巨大手掌。

　　不知什么时候起，我们都已经开始尝试着逃避和习惯逃避，用孩子的面容神情来对抗疯狂前行的时代和愈发残忍的时间。开始对着世界卖萌，以为那是单纯，用幼稚的谎话欺骗众人，以为会被原谅，时常跟镜子里的自己傻笑，以为自己依旧年少，穿着印有史努比或者超级玛丽的小衫，以为能和虚伪成熟中的另外一个自己划清界限。

　　哆啦A梦的时光机终究没有在这个世纪被发明出来，长大成人是地球运转中不能更改的律条。花朵激烈萌发的季节终究会老去，这个世界上没有哪一条道路会一直存在。

　　在《挪威的森林》里，直子曾对渡边说："希望你能记住我，记住我曾这样存在过。"

在越来越看不清楚未来纹路的世事里，一切都走得太快，一切都成熟得太早，苍凉是我们的宿命。而我们的身体里却还居住着一个孩子，他会告诉你，你曾这样存在过，也曾那样萌过。

在18岁以后的年纪里，抬头仰望树梢间偶尔露出的一隅晴空，阳光扑打在你圆嘟着嘴的脸颊上，你托着腮帮装可爱，幻想太空船、外星人、夏天的柚子茶、骑扫帚的哈利·波特和永远会被喜羊羊打败的灰太狼。

我们可以假装像个孩子，却早已不再是孩子。

（潘云贵）

成长是一种幸福

成长是每个人的必经之路。

最妙的成长，在于自我觉知。曾几何时，我们爱吟诵一些美丽的句子，比如"聆听花开的声音"，其实是我们正在凝视一朵花的成长。如此，花开便多了一层的深意义。而作为独立生命体的我们，每时每刻都在成长。其实成长可以被看作是一种生命属性，觉悟的那一刻，便是成长。曾有诗人说：人在睡觉时候，趋近于死亡，可见人的成长在某种程度上意味着思想的成长。

亲情、友情、爱情，是人类历史长河中永恒的话题。倘若把个人的成长融入这三个话题中，不失为一种阶段性印证。

亲情如水，"血肉相连"四个字比任何证据都来得有说服力。只要是血亲，他们的身上总有一些细微的相似性，比如神态、站姿、思维方式等等，这是不以人的意志为转移的。俗话说，最亲是父母。到了一定阶段，当我们的翅膀终于硬了、有能力在远方自给自足时，平生的漂泊与孤独感，会令我们倍加思念曾经被父母小心呵护的日子，也会在静默中坚信，哪怕世界变异、人心不古，但到底还有父母令自己觉得人世美满，如此，真心关爱父母的冷暖、尽力让他们开心则成了我们此生最重要的使命。

爱情似火，成长表现为一种看似不确定的确定性。确定，是因为在这一路走来的跌跌撞撞中，我们已大体知道自己需要找寻一个怎样的伴侣，找寻一个与自己相似或互补的伴侣。不确定，是因为要遇见一个合适的人并不容易，生活中有那么多与自己相似的人，但最终是否能够走到一起，则要看各自的造化，如孟子所说的"天时地利人和"皆备，方可。爱情是生命的一种承载，媒以爱情，我们更容易抵达生命的真实、人生的彼岸与思想的涅槃。

友情似金，它的一条原则是：诚待他人。诚信是人人应有的德性。诚信像是一扇窗，赠人玫瑰手有余香。真诚而友善的交往，在快乐之余，可以引发我们思考人生中的其他命题。如此，人生便具有了一种从容不迫的连贯性。有的时候，抛却所有真假错对的价值判断，望着自己的生命如一条河般不疾不徐地流动，真是一大快事。

成长是一种持之以恒的人生状态，就像青春。所谓苍老，其实是一种怠惰，一种自我欺骗。清醒而自觉的成长，是一种长久于心的幸福。

（陌上舞狐）

做一个成熟的人

　　成熟，是人的一种智慧、一种能力、一种力量，更是一种美的体现，所以，每个人都希望成熟。

　　成熟，来自阅历，来自感觉，来自读万卷书、行万里路；成熟，来自思考，来自训练，来自积累，更来自对酸甜苦辣的品味、对赤橙黄绿的识别；成熟不是圆滑，不是世故，不是江湖，不是城府，也不是"马屁精"。成熟是对逆境、困难、忍耐的毕业证书，它使人能选准自己在社会中合适的位置，修正人生的坐标，沿着无数台阶，走向那成功的殿堂。

　　人走向成熟，可以不断完善自我，战胜自我，提升自我，并善于认识世界，把握规律，透视未来。

　　成熟对个人而言至少应包括以下几个方面。

　　一、自知，就是认识自我，正确估计自己的才能和力量。不了解自我的人，就不能成为自己生活的主宰。人的自知之明，在于了解自己，充分认清自己选择的职业、目标、生活。成熟的人，总是知足常乐而又不失进取、淡泊名利而又不失追求；明白世上万物，都在变动中前行，且有"以今日之我战胜昨日之我"的勇气。

二、自控，即善于控制自己的情绪和欲望，得意不忘形，失意也不忘形。

然而在生活中得意忘形的事常有，失意忘形的少。最典型的例子就是《水浒传》里的宋江。因为失意，因为功不成名不就，他曾独自一人来到酒楼，举杯消愁，以酒浇愁，结果醉后兴起，居然题反诗于墙上，被官府捉了个正着！再试想，如果他善于自控，失意而不失形更不忘形，何来此难！倒是丘吉尔的自控很值得我们学习。"二战"结束后不久，在一次大选中，丘吉尔落选了。他是个政治家，对于政治家，落选当然是件极狼狈的事，但他却极坦然。当时，丘吉尔正在自家的游泳池里游泳，是秘书气喘吁吁地跑来告诉他："不好！丘吉尔先生，您落选了！"不料，丘吉尔听了，却爽然一笑："好！好极了！这说明我们胜利了！我们追求的就是民主，民主胜利了，难道不值得庆贺？朋友，劳驾，把毛巾递给我，我该上来了！"真佩服丘吉尔，失意时不仅没有"失形""忘形"，而且偏偏从容理智，只来了一句话，就成功地再现了一种极豁达极大度的政治家的风范！

人生常有不幸，失意的事也的确会常常发生。失意并不可怕，关键是，失意了别失态，别失形，尤其是别——忘形！

三、自尊：尊重自己，不歧视他人。

自爱：珍惜身体、才能、荣誉、时光，努力发挥自己的作用。

自信：有信心、有理想。相信自己，决不自暴自弃。

自重：做事不鲁莽，不草率，不感情用事，注意自己一言一行。

自立：不依赖别人，自己动手，自食其力。

自励：就是自我激励。人成功的动力之一是自我激励能力。在人的发展过程中，会面对成功和失败的各种挑战，失败时，要敢于直面挫折的痛苦，在自我激励中发现自己的优点，发掘自己的激情，从而树立起自信、乐观、豁达、远见的情感，发挥自己的创造性，不断给自己确定新的目标。

自谦：有才能、有成绩也不骄傲，时时刻刻谦虚谨慎。

自新：有缺点、犯错误不要怕，要善于自拔、自省、自新。

四、知人，即理解别人、平等待人，领悟对方的感受。知人，主要是理解他人，设身处地为他人着想。成熟的人，认识到别人大都和他一样有雄心壮志，他们的头脑和自己一样管用或比自己更缜密，成功的秘诀不是仅凭聪明而是靠艰苦的劳动和不懈的努力。成熟的人，善于支持和帮助那些刚在事业上起步的人，因为他记得自己刚踏上成才之路时，也曾显得手足无措。

五、协调，即处理好人际关系和善于组织管理。文明的人际交往是现代社会的需要。交往需要真诚相待，虚伪是交往的大忌。要想得到别人的尊重就要先尊重别人。追求自我，需要从接受别人个性开始，学会容纳别人，宽容别人，要摒弃"文人相轻"的陋习。学会协调，对自己事业的成功，对自己的生活多彩有莫大的帮助。

　　以上几方面中，"自知"是基础，只有"自知"才能"自控"和"自励"；能"知人"善任，才能协调好各方面关系，才能发挥主观能动作用，创造一个和谐宽松的生活和工作环境。

　　成熟的人，最有可能有所发明、有所发现、有所创造，或有所作为、有所成绩、有所贡献……

　　金钱，是一种财富，但只会短暂拥有；成熟，也是一种财富，却能享用一生。

　　朋友，愿你做个成熟的人！

（章剑和）

没有文凭的大师

　　史学大师陈寅恪，毕生没有获得任何文凭。陈先生被人们尊为"教授之教授"，而他本人终其一生连个"学士"学位都没有。抗日战争后期，他侄子陈封雄曾经问他："您在国外留学十几年，为什么没得个博士学位？"陈先生回答："考博士并不难，但两三年内被一个专题束缚住，就没有时间学其他知识了。只要能学到知识，有无学位并不重要。"陈先生国学基础深厚，国史精熟，又大量汲取西方文化，故其见解，多为国内外学人所推崇，成为没有文凭的大师。

　　钱穆是历史学家、国学大师，但他从未读过大学，最高的文凭仅为高中（尚未毕业）。通过十年乡教苦读，他探索出一套独特的治学方法。1930年，因顾颉刚的鼎力相荐，才让他离开乡间，北上燕京大学，开始任国文系讲师，从此走上高校教书之路。钱穆在走向大学讲台前，先做过10年乡村小学教师和8年中学教师。在这18年中，他笃志苦学，读书极勤，"未尝敢一日废学"。钱穆一生著书立说，达一千七百万言之多。钱穆说："我把书都写好放在那里，将来一定有用。"因此，钱穆是完全靠自修苦读而在学术界确立地位的一个学者。

华罗庚上完初中后，因家里无力再供他上学，只得辍学到父亲的小杂货店里帮工。可这个酷爱数学的年轻人，人虽然守在柜台前，心里经常琢磨的还是数学。1932年，年仅22岁的华罗庚被慧眼识才的熊庆来接进了清华园。后来，清华大学破格任命他这个初中毕业生担任助教，让他教微积分。这在这所大学是史无前例的。1950年的一天，这位已担任了中国科学院数学研究所所长的著名教授，在填写户口簿时，在"文化程度"一栏里写了"初中毕业"四个字。这虽然让许多人惊讶不已，却是事实：他的的确确只有一张初中毕业证书。这位数学大师的数学知识，几乎都是通过自学获得的。

金克木是著名文学家、翻译家、学者，被誉为"燕园四老"之一，学历可不怎么样，他只上过一年中学，论文凭，不过是小学毕业而已。小学生能成为一代大家，自然是奇才。不过在金克木那里，更看重的，不是所谓学历，而是自学的精神与动力。后来，金克木在北大图书馆当馆员，他利用一切机会博览群书，广为拜师，勤奋自学。此时借书条成为索引，借书人和书库中人成为导师，他白天在借书台和书库之间生活，晚上再仔细读借回来的书。当后来人们惊叹金先生如此博学多才，怎能想得到这个当年北大图书馆的小职员，竟是如此这般进入到知识与文化海洋中的呢？

启功是著名教育家、古典文献学家、书画家，其学历仅为初中毕业。学历不高，让启功求职碰了不少钉子。当时担任辅仁大学校长的陈垣，看了他的文章和字画，颇为欣赏，便介绍他到辅仁大学附中教一年级国文。可当时的院长以其学历不达标，两次把他辞掉了。陈垣第三次安排他教授大学一年级的国文，终于给他铺平了通往大学讲坛的道路。启功曾多次对人说："我没有大学文凭，只是一个中学生。"没有经过大学教育的正规训练，这是他的不幸，更是他的幸运。因为这样一来，他就没有任何学院教育的框框束缚，学杂诸家，不主一说，随心所欲，始终保持着自由自在的思维本色。

（张光茫）

自立，是人生成功的第一步

　　我经常接到一些年轻人的来信，他们大多十八九岁，有些二十多岁，刚大学毕业踏入社会。他们遇到的最大问题是迷茫，找不到工作，觉得自己身体和心理有问题。他们对自己没有信心，对社会缺少热情，心情常常郁闷，认为自己做什么都不成功，即使交朋友也常失败。他们心里焦急，时常精神恍惚。

　　看到这样的信，我想到的第一个词就是"自立"。所谓自立，就是自己的事情自己负责；不依赖别人，靠自己的劳动生活；勇于承担自己的责任，能成为真正的独立的人。可以这样说，人的成长过程，就是一个不断提高自理能力的过程。可是看看现在的年轻人，他们不缺少文凭，不缺少科学知识，不缺少关系和金钱。他们缺少的，就是自立。

　　一个已经毕业一年仍没找到工作的大学生曾苦闷地问我，他是不是很没用？我反问他是真的找不到工作，还是找不到令自己满意的工作？如果是后者，我建议他从最低处做起，放下自己大学生的架子，别顾及工作的环境。我说，你毕业都一年了，还要靠父母给你寄生活费，这算什么大学生。家人辛辛苦苦把你支持到大学毕业，你不想着如何反哺，如何尽快自立自强起来，整天寻思着找一份体面的工作，可是，时间不等你呀！

人生是一个不断成长的过程，而自立就是成熟的标志。随着年龄的增加，人要学会自立生活，自立包括你能够独立走上工作岗位，能够自己养活自己，能够用自己的劳动去温暖、感染他人。这样的人生，才是成功的人生。它不需要你有多么优越的工作，获得多么高的薪水，当然，薪水高说明你的能力比较强，创造的价值大，但只要你从事着一份普通的工作，能够挣钱养活自己，行得正，走得端，你也是令人敬重的。

人人都有理想，都希望将来获得辉煌的成就，这很好，它至少说明你有远大的目标。但对许多年轻人来说，目前最重要的，是一步一步往前走，不要急，不要慌，要踏踏实实地前进，一步一个脚印，日积月累，你的能力提高了，经验增加了，眼界也会随之大开。再则，就是需要你的坚持，选定目标后，要努力一直朝着一个方向走。沿途或许会有许多诱惑，但你要记住，暂时的享受比长远的幸福逊色很多。人生是个长远的过程，你不只是为了一两天的享受才来到世上的，还有许多宏伟的理想要你去实现。

有些人说他们心情常常很糟糕，老是郁闷。这很正常，谁都有郁闷的时候，关键是你要让自己充实起来。你要制订出一个合理的计划，让自己每天的时间都充实起来，这样空虚与烦恼就没有可乘之机了。至于有人说自己不会交友，缺乏与人交流的能力，我更是不能同意。如果你与人交往，拿出一颗心来，并且热情、积极，哪里会没有朋友？

　　总之，整天坐在屋里发牢骚是没用的，要想获得成功，第一步就是走出来，经风雨，见世面。时间不会等你自立，你要学会让自己尽快自立起来，这是我们生活能力的锻炼过程，也是我们养成良好道德品质的过程。我们要不断完善自己，自尊自信，成为一个对自己、对他人、对社会负责的能够自立自强的人。

（柯云路）

主动的人机会多

2009年12月，在一家小工厂做文员的我，因为工厂经营不善而失去工作，几次求职受挫后，为了在年前有个安身之所，我只得收起一定要找个文职工作的念头，暂且进了一家工厂的生产车间当了一名流水线工人。

年假前一个星期，工厂管理部丁经理考虑到春节时保安队会缺人手，就向车间要人，要求生产单位派出人手先来保安队培训，以便年假期间协助保安人员值班。

主管把我们几个刚进厂不久的新员工召集到一起说："我们单位分到一个名额，我发扬民主，愿去的请举手!"

其他几个人面面相觑，都不作声，只有我一个人举了手。

于是我被选中，然后到保安队报到。

我被分到前门站岗。保安队两班倒，我每天差不多要站12个小时。遇到贵宾来访，还要向着车子和来宾举手敬礼。

几个当初不肯报名的同事有时从门口经过，都一脸诡异地笑我。有人小声对我嘀咕："你好傻，保安队春节不休息，到时你想玩都没得玩!"

我脸涨得，火热，憋着一口气默不作声。他们见我没有丝毫反应，就没趣地走开了。

前岗每天都会收到信件，由值班保安整理好，然后写在公告栏内的黑板上通知收件人领取。

有一天，带我值班的老保安问我："你的粉笔字写得好不好？"

我小声说："马马虎虎，还过得去！"

老保安就把一堆信件推到我手中："那你帮我去出通知！"

我很听话，就拿着一堆信件去公告栏出通知。

我在高中时是学生会宣传委员，写几个好点的粉笔字对我并不是难事。

我正写得起劲，肩膀突然被一个人轻轻拍了拍。我一扭头，看到一个中年人和一张面带微笑的和蔼的脸，原来是管理部丁经理站在我身后。

我吓了一跳，马上原地一个立正，敬了他一个保安式的军礼。

"你的粉笔字写得很好。"他赞许地说。

我腼腆地笑笑，小声说："我读书时经常出黑板报，进厂前还在一家小厂做过企划宣传"。"哦！"他好像很感兴趣，与我交谈起来，很仔细地问了我的基本情况，比如学历、经历、特长及会不会电脑办公软件等。

我一一小心仔细地做了回答。

最后，他再次轻轻地拍拍我的肩，示意我继续工作，然后满意地离去。

年假前的头天晚上，我正在值夜班。忽然前岗的分机响了，老保安接了电话后对我说："你马上到管理部办公室去，丁经理找你！"

我又吓了一跳，以为自己做错了什么事，但想来想去硬是没犯事。我就这样心情忐忑地走进了丁经理的办公室。

丁经理一看到我就招呼我坐下，然后说："你不是会办公软件吗？帮我把桌上这个文件打一下！"

我这才松了一口气，原来不是我犯事是他找我做事。这好办，我五笔打字挺快，Word文档很熟。很快，我就把他办公桌上一个手写文件录入电脑制成一份正规文档并且打印出来。

他看了很满意，边看边频频点头。我又趁机指出其中几个用得似乎不妥的词语，用建议的口吻与他商议，是否可以换成某某成语或短句。

他听了高兴地夸我："看不出你文学水平还很高！"

我笑着小声说："我平时比较爱看书，业余自修过文秘课程，还在报纸杂志上发表过小文章。"

他听了更高兴了，又和蔼可亲地拍拍我的肩。事情做完后，还把我一直送到办公楼下。

第二天，保安队长就通知我不用值班了，直接借调去管理部办公室打杂。说是打杂，其实是协助丁经理策划和安排春节留厂人员摸奖晚会之类的事宜。

我很珍惜这难得的工作机会，工作上指哪打哪，处处执行到位，丝毫不打折扣。虽然人累得够呛，但我毫无怨言，就算腰酸背痛，也像没事人一样，整天乐呵呵地忙上忙下。

在摸奖晚会工作人员不够、气氛不够热烈时，我还主动客串了一把主持，替明显有点儿窘迫的丁经理救了场解了围。

最后，摸奖晚会圆满结束。丁经理为了感谢我，还专门带我出去吃夜宵。我们把酒言欢，畅言相谈。临别时，丁经理再次轻拍我的肩："小伙子，好好干！主动做事的人，机会大把地有！"虎年正月初八，工厂开工，我回原单位报到。单位主管却喜气洋洋地告诉我："自即日起，你调管理部经理室上班，任经理助理，协助丁经理工作！"

从主管处了解到，原来，丁经理去年就一直想在工厂内部物色一个助理，相了好多人，但现在我这个新人偏偏走了运，刚好就被他相中了。

我这才明白了经理对我说"主动做事的人，机会大把地有"这句话后面的真正意义。

（周卫华）